图　1.6

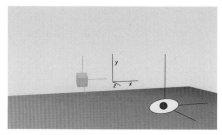

(a) The frames

(b) The feye's view

图　5.1

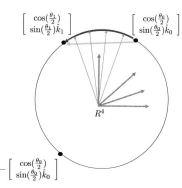

图　7.4

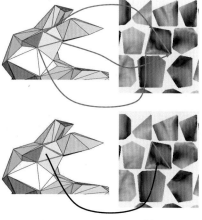

图　15.1

图　15.2

图　15.3

图　15.5

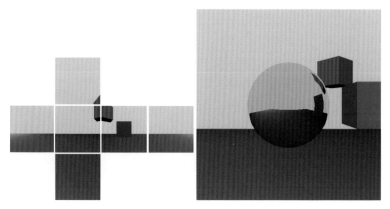

图 15.7

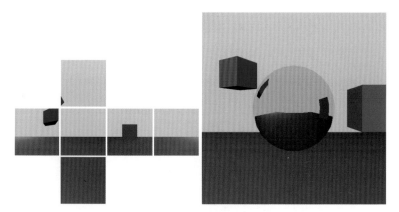

图 15.8

图 15.11

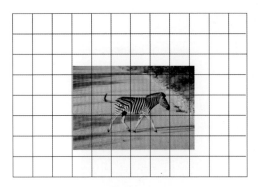
图　16.2

图　16.6

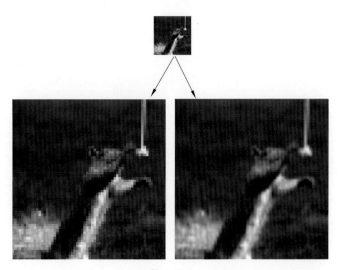
图　17.1

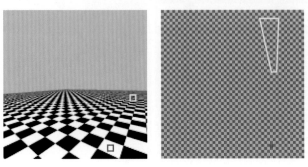
图　18.1

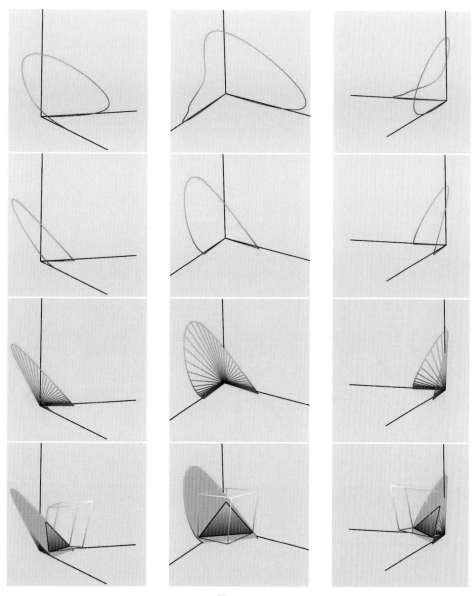

图　19.5

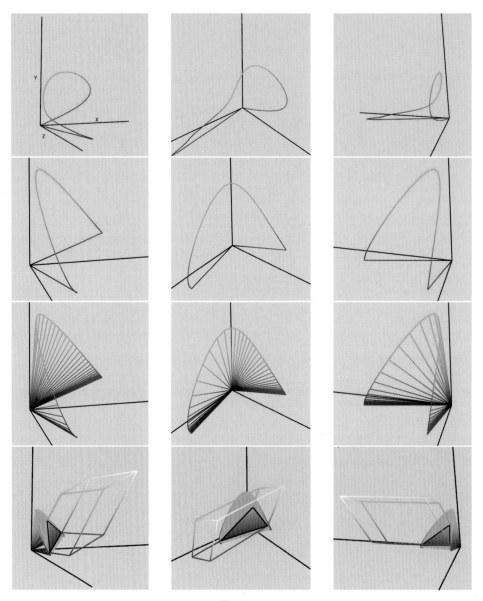

图 19.6

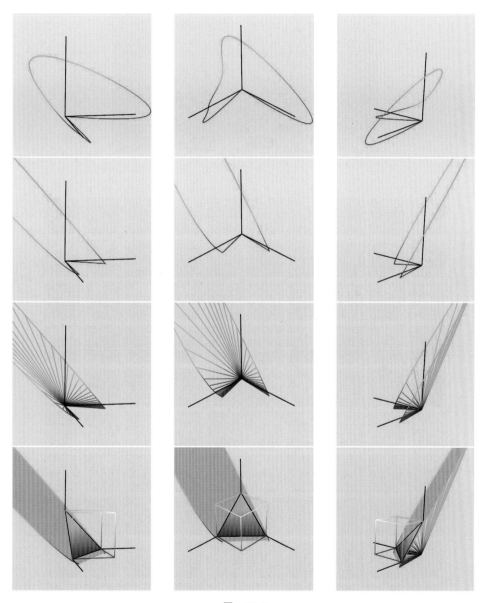

图 19.7

图　20.4

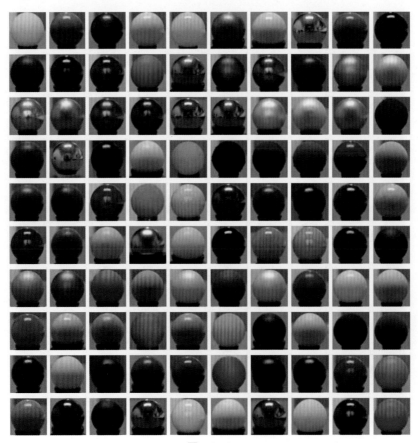

图　21.6

中国科学院大学研究生教学辅导书系列

3D计算机图形学基础

Foundations of 3D Computer Graphics

[美] 史蒂文·J.戈特勒（Steven J.Gortler） 著

夏时洪 高林 译

清华大学出版社
北京

内 容 简 介

本书包括 23 章和两个附录,首先讲解了将几何点映射到图像像素的过程,及其相关基本概念和重要算法,包括变换和坐标系、旋转和插值、相机模型和光栅化、图像像素处理等基础知识。接着介绍一些高级主题,包括高真实感渲染、几何建模、动画等内容。最后的附录给出了 OpenGL 编程及仿射函数的相关内容。本书的特色在于详细介绍图形学中重要概念的数学原理,强调基本算法与编程的结合及其内在联系,并提供 OpenGL 代码示例和习题,是一本覆盖面广且基础性强的优秀教材。

本书可作为计算机科学、数学、物理等相关专业本科生和研究生的教材或参考书,也可作为计算机图形技术人员的参考资料。

北京市版权局著作权合同登记号 图字:01-2019-5924

Translation from the English language edition:
Foundations of 3D Computer Graphics / Steven J. Gortler
ISBN 978-0-262-01735-0
© 2012 Steven J. Gortler
All Rights Reserved

图书在版编目(CIP)数据

3D 计算机图形学基础/(美)史蒂文·J.戈特勒(Steven J.Gortler)著;夏时洪,高林译.—北京:清华大学出版社,2020.8(2022.10重印)
书名原文:Foundations of 3D Computer Graphics
ISBN 978-7-302-56105-7

Ⅰ.①3… Ⅱ.①史… ②夏… ③高… Ⅲ.①三维-动画-计算机图形学 Ⅳ.①TP391.41

中国版本图书馆 CIP 数据核字(2020)第 139127 号

责任编辑:袁勤勇 杨 枫
封面设计:王倩芸
责任校对:焦丽丽
责任印制:宋 林

出版发行:清华大学出版社
　　　　网　　址:http://www.tup.com.cn,http://www.wqbook.com
　　　　地　　址:北京清华大学学研大厦 A 座　　　　　　邮　　编:100084
　　　　社 总 机:010-83470000　　　　　　　　　　　　　邮　　购:010-83470235
　　　　投稿与读者服务:010-62776969,c-service@tup.tsinghua.edu.cn
　　　　质量反馈:010-62772015,zhiliang@tup.tsinghua.edu.cn
　　　　课件下载:http://www.tup.com.cn,010-83470236
印 装 者:北京国马印刷厂
经　　销:全国新华书店
开　　本:186mm×240mm　　　　　印　　张:15　　　　字　　数:312 千字
版　　次:2020 年 10 月第 1 版　　　　印　　次:2022 年 10 月第 2 次印刷
定　　价:68.00 元

产品编号:082004-02

推 荐 序

　　计算机图形学已经成功应用于计算机辅助设计与制造、科学计算可视化、动画与电影制作、图形用户界面、虚拟现实等领域。特别地，ACM 将 2019 年"图灵奖"授予 Edwin E. Catmull 与 Patrick M. Hanrahan，以表彰其为 3D 计算机图形学做出的基础贡献。近年来，3D 计算机图形学正在逐步被引用到以深度学习为代表的人工智能领域。因此，《3D 计算机图形学基础》的出版不仅是图形学学科建设和人才培养的需求，也是相关科学技术发展的需要。

　　这本教材翻译自哈佛大学教授 Steven J. Gortler 的著作 *Foundations of 3D Computer Graphics*。该著作于 2012 年由美国麻省理工学院出版社出版。该书结构颇有特色，一开始就介绍 OpenGL 相关知识，让学生很快可以进入高级图形编程阶段。其次，教材内容颇为丰富，不仅涉及变换、三维相机模型等基础知识，还有曲线曲面表示、高度真实感绘制部分，以及三维建模、动画等与研究生研究课题相关的高阶内容。此外，该书重视图形学重要概念的数学基础，且数形结合、图文并茂。为了帮助学生加深对计算机图形学概念的理解，书中不仅给出数学原理及公式推导，而且提供 OpenGL 示例代码和运行结果。因此，该书是一本颇有水准的教材，适合于研究生和高年级本科生学习 3D 计算机图形学的基本理论和重要算法。

　　译者在计算机图形学与虚拟现实领域有多年的研究经验和良好的研究基础，取得了诸多高水平研究成果，积累了丰富的计算机图形学前沿知识，也指导了多届该领域的研究生，积累了丰富的培养指导学生方面的经验。在翻译过程中,译者忠实于英文原著,保证了该教材高质量的出版。

　　该教材的出版必将在我国计算机图形学及相关领域优秀人才培养中发挥积极作用。

2020 年 7 月

原书前言

这本书来源于我在哈佛大学开授的计算机图形学课程。1996年至今，我教授过很多优秀的学生，也收获很多教学的乐趣。学生们在课堂上提出过很多好问题，从这些问题中，我经常意识到自己在课堂上的一些解释有点草率，而且有时并没有完全理解自己想解释的话题。这导致了我对教材的反思和未来教学的创新，并将这些新的想法融入本书中。这本书的整个课程不仅涵盖了基本知识点，还同时强调了对一些更加细节概念的理解。

在这本书中，我们将介绍生成 3D 计算机图形所需的基本算法与技术。我们将介绍用算法表示和处理 3D 形状的基本思想，以及如何使用算法模拟相机，将这些 3D 数据转换为由屏幕上的离散点或像素集组成的 2D 图像。之后，我们还将在本书中讨论一些更高级的主题，包括颜色和灯光表示的基础知识、生成照片级真实感图像的光模拟、几何建模以及生成动画图形的各种方法。

在本书中，我们将介绍 API 上层和下层的知识，多数内容（尤其是前序章节）是学习 3D 计算机图形学时需了解的基础知识。我们也介绍 OpenGL 的内部流程，这对于一个优秀的图形学从业者尤为必要。并且，了解计算机图形学计算设施的工作原理和工作方式本身就令人着迷。

本书不涉及计算机图形学中硬件和编译器的相关知识，也不会过度关注 2D 计算机图形学或人机交互接口，这些主题本身都相当有趣，但与 3D 计算机图形学的算法层面截然不同。

因为很多计算机图形学技术基于 OpenGL，搭建一个"基于光栅化"的实时渲染环境，而不是采用诸如"基于光线跟踪"的环境，所以本书也围绕其进行讲解。广泛地讲，从事 3D 电子游戏领域的所有工作者均需掌握这本教材（以及更多知识）。我们特意选择了 OpenGL

API（基于 GLSL 着色语言），因为它可以跨多个计算平台运行。

本书适用于至少有一年编程经验的计算机科学、数学、物理学专业的高年级本科生，且需要对线性代数有基本的了解。

对于授课

下面将介绍一些需要特别注意的细节问题，这些问题需要深究才能理解透彻，但是经常在教学过程中未被解释清楚，我希望学生们能在本书中掌握这些内容。

附录 A：由一个尽可能简单的 OpenGL 程序开始，OpenGL 的用途是管理着色程序、顶点缓冲区对象和纹理。因为我们将使用现代版本的 OpenGL，庆幸的是剩余需要讲授的 API 知识不是太多。本书不涉及任何旧版的 OpenGL 知识，它们并未出现在现代计算机图形学编程中。

第 2～4 章：在计算机图形学中，需要从无坐标和全坐标的角度考虑点和向量。我们往往使用坐标得到一种具体的表示形式，最终生成渲染图像。但在不同坐标系下，点的表示和变换通常十分重要，需注意以下几点。

- 区分一个几何点和在某坐标系下表示该点的坐标。
- 使用符号来清晰地标记一组基，该基用于表示一组坐标系。
- 区分标记矩阵方程和矩阵表达式的符号，其中，矩阵方程表示基变换，矩阵表达式表示点的几何变换。

最终引出所谓的**左定则（left-of rule）**，它可以更好地解释矩阵表达式并明确变换的基。

希望通过掌握这套清晰的符号机制，学生易于理解如何进行复杂的变换。这不同于"在程序执行正确的操作之前尝试大量排序和矩阵序列的逆运算"的方法，该想法最初源于 Tony DeRose 的手稿[16]。

第 5、6 章：描述一个处理计算机图形学坐标系的组织框架，以及如何将其转换为简单的 3D OpenGL 代码。我们从中得出了使用"混合辅助坐标系"移动物体的有效方法。例如，这使得我们可以正确地围绕其中心旋转物体，但其方向自然对应于屏幕上的方向。

第 7 章：简要介绍一个四元数表示形式以描述旋转。本书还推导了如何组合四元数和平移向量，以定义一个刚体变换数据类型，使其可以像矩阵一样进行乘法和求逆运算。

第 8 章：简要介绍轨迹球和弧球旋转的接口，并说明轨迹球接口的鼠标路径无关性。

第 9 章：简要介绍 Bezier 和 Catmull-Rom 样条。

第 10～13 章：介绍使用 4×4 矩阵模拟相机投影的方法，以及 OpenGL 中特定函数的运算。特别注意为可变变量推导正确的插值公式，有关仿射函数和插值的背景拓展知识参见附录 B，Jim Blinn[5] 完美地解释了多数细节内容。这些章节将不再详细介绍裁剪和光栅化算法。

第 14、15 章：为漫反射、反光和各向异性材料给出简单的样例着色器，以及一些高级的实时渲染技术,如多通道渲染和阴影映射。诚然,此部分过于简短,想必追求更高阶渲染技能的学生将需学习更多现代实时渲染中不断发展的技术(和技巧)。

第16~18章: 介绍使用滤波计算离散图像的原因,以及通过基函数重建连续图像的方法,特别是如何将这两个思想结合起来,以在纹理映射期间正确地获得滤波(Paul Heckbert 的硕士论文[28])。该部分不深入研究傅里叶分析的细节内容,因为它偏离了本书主线(总之,最终使用盒式滤波器)。

第19章: 介绍人类色彩感知的基本理论。从数学的角度来看,我们试图明确颜色的定义,及其形成线性空间的原理,相关论述参见 Feynman's Lectures[20]。针对多数颜色计算的技术问题,本书参考了 Charles Poynton 对颜色常见问题的解答[58]。

第20章: 完整起见,简要介绍光线跟踪计算。由于它不是课程的重点,因此本书仅提及该主题。

第21章: 引入真实感渲染中的高阶主题,详细介绍描述光的物理单元以及反射、渲染和度量方程。例如,我们密切关注使用特定单位度量反射的原因。有关基础知识及更多内容参见 Eric Veach 的博士论文[71]。

第22章: 概述罗列计算机图形学中曲面的建模和表示方法。简要介绍该部分,而非技术性地讨论。我们的确探究了足够的细节,以实现 Catmull-Rom 细分曲面(假设拥有方便的网格数据结构),因为该方法可以快速简单地表示曲面簇。

第23章: 概述计算机图形学中实现动画的方法。与上一章类似,本章仅作简单介绍,而非技术性地讨论。CMU 网站上 Adrien Treuille 博士的动画课程可作为该领域优秀的入门资料。

本书内容丰富多彩,无法在一学期内全部教授完毕。它也并不是一本百科全书,只是试图涵盖计算机图形学理论和实践中的所有主题。此外,本书与目前广泛使用的教材较类似,不涉及一些最新的科研成果和思想,未来它们可能成为标准实践的一部分。

致谢

在编写此书的一年中,我收到了 Hamilton Chong、Guillermo Diez-Canas 和 Dylan Thurston 为本书提供的大量帮助。

感谢 Julie Dorsey、Hugues Hoppe、Zoe Wood、Yuanchen Zhu 和 Todd Zickler 为本书提供的诸多宝贵建议。

感谢 Gilbert Bernstein、Fredo Durand、Ladislav Kavan、Michael Kazhdan 和 Peter-Pike Sloan 为本书作评。

感谢 Xiangfeng Gu、Danil Kirsanov、Chris Mihelich、Pedro Sander 和 Abraham Stone

在这门课程的设计期间给予的极大帮助。

最后，感谢在本课程中担任过助教的所有优秀学生，他们为这本教材的创新作出了许多贡献，他们是 Brad Andalman、Keith Baldwin、Forrester Cole、Ashley Eden、David Holland、Brad Kittenbrink、Sanjay Mavinkurve、Jay Moorthi、Doug Nachand、Brian Osserman、Ed Park、David Ryu、Razvan Surdulescu 和 Geetika Tewari。

译 者 序

计算机图形学是用计算机研究图形的表示、生成、处理和显示的一门计算机分支学科，已经成功应用于计算机辅助设计与制造、科学计算可视化、动画与电影制作、图形用户界面、虚拟现实等领域。作为一种计算技术，计算机图形学已经且必将继续发挥其基础性作用。

自 2015 年以来，译者受聘于中国科学院大学讲授研究生的专业普及课"计算机图形学"。在教学过程中，译者发现选修这门课程的研究生背景不一，并非都是计算机科学专业；即便是研究生阶段进入到计算机科学专业领域，其在本科阶段也不一定学习过图形学课程。因此，译者萌生了为这类背景不一的学生编写一本覆盖面广且基础性强的图形学教材的想法。

译者注意到了哈佛大学教授 Steven J. Gortler 的著作 *Foundations of 3D Computer Graphics*。该著作于 2012 年由美国麻省理工学院出版社出版。该书通过一个 OpenGL 例子首先为读者呈现出将几何模型渲染为图像的全貌，由此介绍将几何点映射到图像像素的过程，及其相关基本概念和重要算法，包括变换和坐标系、旋转和插值、相机模型和光栅化、图像像素处理等基础知识。然后，该书介绍一些高级主题，包括高真实感渲染、几何建模、动画等内容。该书另外一个显著特点是，详细介绍图形学中重要概念的数学原理，并提供 OpenGL 代码和示例。因此，译者选择了翻译这本著作。读者可扫描书中的二维码观看原著中的彩色插图和参考文献。本书网址为 http://www.3dgraphicsfoundations.com/code.html。

感谢 Steven J. Gortler 教授和麻省理工学院出版社的许可和支持。感谢清华大学出版社支持出版，并帮助译者取得了麻省理工学院出版社的翻译出版权。感谢中国科学院大学教材出版中心资助。

感谢中国科学院计算技术研究所的研究生曾士轩、王倩芸、袁宇杰参与了本书的部分翻译和校对工作。感谢清华大学出版社编辑的耐心和辛勤工作。

感谢中国工程院院士、北京航空航天大学教授赵沁平博士为本教材倾情作序。

由于译者水平有限,译文中难免有不妥之处,敬请读者批评和指正。

夏时洪　高　林

2020 年 6 月于北京

目录

第二篇　旋转和插值

第三篇　相机和光栅化

第 一 篇

入　门

第 1 章

简　介

计算机图形学有着一段精彩的发展历程。其基本思想、表示、算法和硬件中的流程是在 20 世纪六七十年代形成的,并在接下来的 20 年中逐渐发展成熟。到 20 世纪 90 年代中期,计算机图形技术已经相当成熟,但它们的影响仍局限于某些"高端"应用,如超级计算机上用于科研的可视化程序和昂贵的飞行模拟器。当时很多计算机科班出身的学生完全不知道 3D 计算机图形学是什么,这简直让人难以置信!

在过去的十年中,我们终于见证了大规模图形学商品的出现。每台现代个人计算机都能够生成高质量的图像,它们主要以视频游戏和虚拟生活环境的形式呈现。整个动画产业已经从高端应用(如皮克斯电影)转变为日常的儿童电视节目,真人电影的特效也进行了彻底的革命。观众们如今看到极其酷炫的计算机特效时也不再惊讶,因为他们早已对此习以为常。

1.1　OpenGL

OpenGL 最初是一个 API,用来执行 3D 计算机图形生成过程中非常特定的操作序列。随着底层硬件成本的降低,硬件的灵活性逐渐提升,用户可以通过 OpenGL API 调用。随着时间的推移,用户可以通过编写小型专用程序(着色器)来调用 API,从而完全控制某些图形计算。在 OpenGL 中,这些着色器由特定的 GLSL 语言编写,它类似于 C 语言。两个主要的可编程对象由**顶点着色器**(**vertex shader**)和**片元着色器**(**fragment shader**)控制。这些部分均可编程,一方面是因为它们给予了用户自由操作的空间,另一方面是由于可通过单指令多数据(SIMD)的并行性来完成该部分计算。计算机可以独立处理存储在每个几何顶点的数据,同理,也可以独立计算某个屏幕像素的颜色。

目前在 OpenGL 程序中,很多(但不是所有)真实的 3D 图形由用户编写的着色器生成,且不再是 OpenGL API 本身的一部分。从这个意义上讲,OpenGL 主要负责处理数据和着色器,而非 3D 图形,后文将简单介绍它的处理步骤,并深入描述使用各种着色器生成 3D 图形的方法。

在 OpenGL 中,使用三角形的集合来表示一个几何体。一方面是因为三角形很简单,OpenGL 可以高效处理;另一方面是可用三角形的集合,来拟合具有复杂形状的表面(见图 1.1)。所以,如果计算机图形程序使用了更抽象的几何表示,则必须首先转换为三角形集合,OpenGL 才能绘制几何图形。

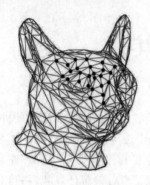

图 1.1   使用一组三角形表示猫头,部分顶点由黑点凸显[64]

简言之,OpenGL 可以计算每个三角形各顶点在屏幕上的位置,确定哪些屏幕点(称为**像素(pixels)**)位于其内,再通过一些计算确定该像素的颜色。接下来将详细介绍这些步骤。

每个三角形由 3 个顶点组成,我们将一些数值数据与每个顶点关联,每个这样的数据项称为**属性(attribute)**。最起码的是,我们需要指定顶点位置(平面几何使用两个数值,立体几何使用 3 个)。同时,我们可用其他属性将不同类型的数据与顶点关联,以确定顶点的最终外观。例如,将颜色属性(3 个数值分别表示红、绿、蓝的量)与每个顶点关联,并通过其他属性呈现相关材料特性,如顶点表面的反光程度。

将顶点数据从 CPU 传输到图形硬件(GPU)的过程成本较高,所以尽量不使用。调用特定的 API 将顶点数据传输至 OpenGL,OpenGL 将该顶点数据存储在**顶点缓冲区(vertex buffer)**中。

OpenGL 加载顶点数据后,用户可以在随后的任意时间从 OpenGL 调用**绘图(draw)**,加载适当的顶点缓冲区,并将每个顶点三元组绘制为一个三角形。

当调用绘图命令时,顶点着色器会处理各顶点的所有属性(见图 1.2)。除此之外,着色器还可以访问**统一变量(uniform variables)**,这些变量由用户程序设定,只能在每两个绘制命令之间设置,并且不能逐点单独赋值。

用户可以自定义顶点着色器中的任意内容,其最典型的用途是确定顶点在屏幕上的最终位置。例如,用户可将顶点的 3D 位置存储在属性中,同时使用统一变量来表示虚拟相机的位置,描述抽象 3D 坐标映射到实际 2D 屏幕的过程。该部分的实现细节将在第 2~6 章和第 10 章中介绍。

一旦顶点着色器计算出顶点在屏幕上的最终位置,它就会将该值存储在输出变量 gl_

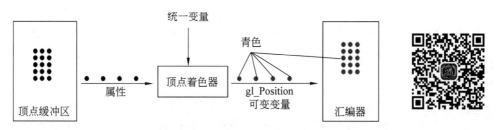

图 1.2　在顶点缓冲区存储顶点信息,当调用绘制命令时,顶点着色器将处理每个输入顶点。在输入
　　　　到顶点着色器时,每个顶点(黑色)都具有关联属性;输出的每个顶点(青色)均有一个数值对
　　　　应于 **gl_Position** 及其可变变量

Position 中。使用变量中的 x 和 y 坐标表示绘图窗口以内的位置。窗口左下角的坐标为 $(-1,-1)$,右上角的坐标为 $(1,1)$,该范围外的坐标表示绘图区域以外的位置。

　　顶点着色器还可以输出一些其他变量,这些变量将被片元着色器使用,以确定三角形上每个像素点的最终颜色。这些输出变量称为**可变变量**(**varying variables**),因为它们的值随三角形中像素点的变化而变化,将在第 13 章详细介绍该部分内容。

　　该过程结束后,三角形**汇编器**(**assembler**)将收集这些顶点及其可变变量,并三三成组。

　　下一步,OpenGL 将在屏幕上绘制三角形(见图 1.3),此过程称为**光栅化**(**rasterization**)。对于每个三角形,使用三个顶点位置将其显示在屏幕上,然后计算屏幕上的哪些像素位于三角形内。对于每个像素,光栅器会为所有可变变量计算**内插**(**interpolated**)值,即每个可变变量的值都是通过混合三角形三个顶点上的可变变量得到的,混合时使用的权重与像素到三个顶点的距离有关。第 13 章将具体介绍该部分,并且光栅化是一种专业且高度优化的操作,因此无法编程。

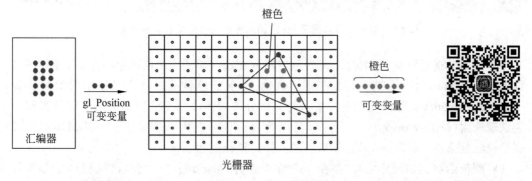

图 1.3　程序通过 **gl_Position** 将三角形的三个顶点显示在屏幕上。光栅器可以确定哪些像素
　　　　(橙色)在三角形内,并将顶点的可变变量从顶点插值至每个像素中

最后,每个像素的内插数据由**片元着色器**(**fragment shader**)传递(见图 1.4),用户可

用 GLSL 语言编写片元着色器并传递给 OpenGL,它可以根据可变变量和统一变量计算像素最终绘制的颜色,并存储至部分 GPU 内存,称作**帧缓冲区**(**frame buffer**)。最终,程序将帧缓冲区中的数据发送至显示器,从而在屏幕上完成绘制。

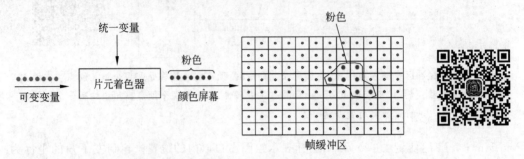

图 1.4 **片元着色器计算每个输入像素的最终颜色(粉色),然后将像素放置在帧缓冲区中以供显示**

在 3D 图形学中,通常通过一些公式计算来确定像素的颜色,这些公式可以模拟光线在某种材料表面上的反射,计算时会使用存储在可变变量的数据,它们表示该像素处材料的材质和几何属性;同样也会使用存储在统一变量的数据,它们表示场景中光源的位置和颜色。通过更改片元着色器的程序,模拟光线在不同材料上的反射,从而生成固定几何体的不同外观(见图 1.5),第 14 章将更详细地讨论该过程。

图 1.5 **通过编辑片元着色器,模拟光线在不同材料上的反射**

对于部分颜色计算,可通过片元着色器获取辅助存储图像中的颜色数据,这样的图像称为**纹理**(**texture**),并由统一变量指向。同时,片元着色器通过可变变量中的**纹理坐标**(**texture coordinates**)来确定颜色位置。将某部分纹理图像"黏合"到每个三角形的过程称为**纹理映射**(**texture mapping**),该过程可以为仅由少量三角形表示的简单几何体提供较高的视觉复杂性(见图 1.6),第 15 章将进一步讨论该过程。

将颜色绘制到帧缓冲区时,存在一个称为**合并**(**merging**)的过程,该过程确定如何将从片元着色器刚输出的"新"颜色与帧缓冲区可能已存在的"旧"颜色混合。启用 **z 缓冲**(**z-buffering**)时,OpenGL 将对片元着色器刚处理过的几何点进行测试,比较该点与帧缓冲区中现有颜色的点与观察者之间的距离。只有当前者更接近观察者时,才会更新帧缓冲区。z 缓冲在创建 3D 场景的图像时非常有用,第 11 章将会具体讨论该过程。另外,

　　　　(a)　　　　　　　　　(b)　　　　　　　　(c)

图 1.6　纹理映射。(a)使用少量三角形表示的简单几何体；(b)辅助的纹理图像；
(c)将部分纹理贴合在每个三角形上，从而获得更复杂的外观[65]

OpenGL 可以按照特定比例将新、旧颜色混合在一起，例如用于模拟透明对象，该过程称为 **Alpha 混合（Alpha blending）**，将在 16.4 节中进一步讨论。由于该合并阶段涉及读写共享内存（帧缓冲区），暂且不可编程，只能通过 API 调用。

　　在附录 A 中，通过示例代码实现简单的 OpenGL 程序，该程序使用纹理映射绘制简单的 2D 图像。这样做的目的并非学习 3D 图形学，而是了解 API 本身以及 OpenGL 内的处理步骤。在阅读第 6 章前，请详细浏览该附录。

习　　题

1.1　观看电影 Tron，感受 20 世纪 80 年代的计算机图形学氛围。

1.2　试玩游戏 Battlezone。

第 2 章

线 性 变 换

学习 3D 计算机图形学的首要任务是理解点的坐标表示,及其几何变换方法。在学习线性代数时,读者很可能已经学过类似的知识,但在计算机图形学中会同时使用不同的坐标系,需要特别注意各种坐标系的不同作用,因此对基本元素的处理也会略有不同。

本章将从向量和线性变换开始,使用向量表示 3D 移动,并使用线性变换进行向量运算,如旋转和缩放。第 3~5 章将介绍仿射变换,它可以实现对象的平移。前 6 章内容不会涉及计算机图形学的代码,我们将首先仔细理解系统的理论,从而根据需求轻松实现编程。

2.1 几何数据类型

想象现实世界中一些特定的几何点,它们可以用三个实数表示,

$$\begin{bmatrix} x \\ y \\ z \end{bmatrix}$$

称为**坐标向量**(coordinate vector)。数值指定了几何点相对于某些约定好的坐标系的位置,该坐标系有某一个约定的原点,以及三个约定的方向。当坐标系改变时,同一个点的数字和坐标向量都要随之改变。因此,同时需要坐标系和坐标向量以确定点的位置,注意区分以下概念:坐标系、坐标向量和几何点。

接下来从如下四种几何数据类型入手,介绍每一类的表示方法(见图 2.1)。

- **点**(point)由带波浪号的 $\tilde{p}$ 表示。该几何点是一个几何对象,并非数值对象。
- **向量**(vector)由黑斜体 v 表示。它也不是数值对象。向量和点之间的区别主要在于点表示位置,而向量表示两点之间的移动,第 3 章将详细讨论。
- **坐标向量**(coordinate vector)由粗体字母 c 表示。它是由实数组成的数值对象。

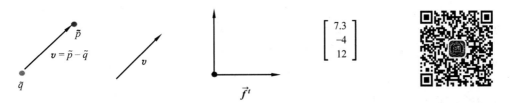

图 2.1 几何数据类型：点由圆点表示。向量由连接两点的箭头符号表示，
且平移时不变。坐标系由一个原点和一组 d 维的基组成，用标架
表示。坐标向量是一个实数三元组

- **坐标系**（coordinate system）由带箭头和上角标 t 的粗体字母 $\vec{f}^t$ 表示（粗体 f 表示
竖直方向的集合，上角标 t 表示水平方向的集合，箭头→表示向量的集合）。它是
一组抽象向量，也并非数值对象。实际上有两种坐标系：一种是表示向量集的**基**
（**basis**），一种是表示点集的**标架**（**frame**），本书对所有坐标系使用同样的表示，根
据上下文确定其具体的类型。

下面将分别定义这些概念，并介绍相应的计算，其中包含大量数值对象（坐标向量）和
非数值对象（向量和坐标系），以及符号运算。只有在第 5 章建立了所有必要的约定后，才
能省略非数值对象，并在代码中使用运算数值。

2.2　向量、坐标向量与基

首先对向量和坐标向量进行区分。在本书中，向量是一个抽象的几何实体，表示两点
之间的移动，如"向东一英里"。在确定坐标系之后，坐标向量就是一组用于指定向量的
实数。

向量空间（vector space）V 是满足某些规则的元素 v 的集合。它需要定义加法运算，
该运算将两个向量映射到第三个向量。同时还需要定义数乘运算，即一个实数乘以一个
向量来获得另一个向量。

一个有效的向量空间还须满足一些其他规则，在此不再详细展开。例如，加法运算须
满足结合律和交换律，数乘运算须满足分配律等。另外，标量乘法须满足分配律等[40]。

$$\alpha(v+w)=\alpha v+\alpha w$$

虽然有许多具有向量空间结构的对象族，但本书只讨论由真实几何点间的移动组成
的向量空间。**特别说明，本书不会将向量视为三个数值的集合。**

坐标系或基是向量的小型集合，可通过向量运算来产生整个向量集（更正式地说，如
果存在标量 $\alpha_1,\alpha_2,\cdots,\alpha_n$，使得 $\sum_i \alpha_i b_i=0$，则称向量组 $b_1,b_2,\cdots,b_n$ 是线性相关的，否则
就是线性无关的。如果 $b_1,b_2,\cdots,b_n$ 是线性无关的，且通过加法和数乘生成整个向量空

间 V,则集合 b_i 就是 V 的基,n 是基或空间的维数)。空间中自由移动的维数是 3,其中的每个基也称为一条轴,第一条轴记为 x 轴,第二条轴记为 y 轴,第三条轴记为 z 轴。

可以使用基生成空间中的任意向量,通过唯一的一组坐标 c_i 来表示:

$$v = \sum_i c_i b_i$$

向量代数表示法将其写为

$$v = \sum_i c_i b_i = \begin{bmatrix} b_1 & b_2 & b_3 \end{bmatrix} \begin{bmatrix} c_1 \\ c_2 \\ c_3 \end{bmatrix} \tag{2.1}$$

上述等式右边由线性代数中矩阵×矩阵的乘法规则解释。等式中的每一项 $c_i b_i$ 均表示实数与向量的乘积,简写为

$$v = \vec{b}^t c$$

其中,v 表示向量,$\vec{b}^t$ 表示一行基向量,c 表示(列)坐标向量。

2.3 线性变换和 3×3 矩阵

线性变换 $\mathcal{L}$ 从 V 映射到 V,满足以下两个特性

$$\mathcal{L}(v + u) = \mathcal{L}(v) + \mathcal{L}(u)$$
$$\mathcal{L}(\alpha v) = \alpha \mathcal{L}(v)$$

$v \Rightarrow \mathcal{L}(v)$ 表示向量 v 通过 $\mathcal{L}$ 变换为向量 $\mathcal{L}(v)$。

线性变换可使用矩阵表示,这是因为线性变换可以根据其对基向量的影响而精确指定,具体推导如下。

变换的线性性质满足以下关系

$$v \Rightarrow \mathcal{L}(v) = \mathcal{L}\left(\sum_i c_i b_i\right) = \sum_i c_i \mathcal{L}(b_i)$$

将式(2.1)代入向量的代数表示

$$\begin{bmatrix} b_1 & b_2 & b_3 \end{bmatrix} \begin{bmatrix} c_1 \\ c_2 \\ c_3 \end{bmatrix} \Rightarrow \begin{bmatrix} \mathcal{L}(b_1) & \mathcal{L}(b_2) & \mathcal{L}(b_3) \end{bmatrix} \begin{bmatrix} c_1 \\ c_2 \\ c_3 \end{bmatrix}$$

三个新向量 $\mathcal{L}(b_i)$ 均属于 V,它最终可以由基的某个线性组合表示,即存在一些合适的值 $M_{j,1}$,使得

$$\mathcal{L}(b_1) = \begin{bmatrix} b_1 & b_2 & b_3 \end{bmatrix} \begin{bmatrix} M_{1,1} \\ M_{2,1} \\ M_{3,1} \end{bmatrix}$$

对所有基向量执行此操作,选择一个合适的矩阵 M,由 9 个实数组成,即

$$[\mathcal{L}(\boldsymbol{b}_1) \quad \mathcal{L}(\boldsymbol{b}_2) \quad \mathcal{L}(\boldsymbol{b}_3)] = [\boldsymbol{b}_1 \quad \boldsymbol{b}_2 \quad \boldsymbol{b}_3] \begin{bmatrix} \boldsymbol{M}_{1,1} & \boldsymbol{M}_{1,2} & \boldsymbol{M}_{1,3} \\ \boldsymbol{M}_{2,1} & \boldsymbol{M}_{2,2} & \boldsymbol{M}_{2,3} \\ \boldsymbol{M}_{3,1} & \boldsymbol{M}_{3,2} & \boldsymbol{M}_{3,3} \end{bmatrix} \qquad (2.2)$$

综上所述,向量的线性变换可表示为:

$$[\boldsymbol{b}_1 \quad \boldsymbol{b}_2 \quad \boldsymbol{b}_3] \begin{bmatrix} c_1 \\ c_2 \\ c_3 \end{bmatrix} \Rightarrow [\boldsymbol{b}_1 \quad \boldsymbol{b}_2 \quad \boldsymbol{b}_3] \begin{bmatrix} \boldsymbol{M}_{1,1} & \boldsymbol{M}_{1,2} & \boldsymbol{M}_{1,3} \\ \boldsymbol{M}_{2,1} & \boldsymbol{M}_{2,2} & \boldsymbol{M}_{2,3} \\ \boldsymbol{M}_{3,1} & \boldsymbol{M}_{3,2} & \boldsymbol{M}_{3,3} \end{bmatrix} \begin{bmatrix} c_1 \\ c_2 \\ c_3 \end{bmatrix}$$

总之,矩阵能够实现向量之间的变换(见图 2.2)。

$$\vec{b}^t c \Rightarrow \vec{b}^t \boldsymbol{M} c$$

如果对每个基进行变换,则会得到一组新的基,该过程表示为

$$[\boldsymbol{b}_1 \quad \boldsymbol{b}_2 \quad \boldsymbol{b}_3] \Rightarrow [\boldsymbol{b}_1 \quad \boldsymbol{b}_2 \quad \boldsymbol{b}_3] \begin{bmatrix} \boldsymbol{M}_{1,1} & \boldsymbol{M}_{1,2} & \boldsymbol{M}_{1,3} \\ \boldsymbol{M}_{2,1} & \boldsymbol{M}_{2,2} & \boldsymbol{M}_{2,3} \\ \boldsymbol{M}_{3,1} & \boldsymbol{M}_{3,2} & \boldsymbol{M}_{3,3} \end{bmatrix}$$

或简写如下(见图 2.3)

$$\vec{b}^t \Rightarrow \vec{b}^t \boldsymbol{M}$$

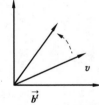  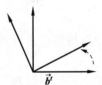

图 2.2 向量的线性变换过程:$v = \vec{b}^t c \Rightarrow \vec{b}^t \boldsymbol{M} c$,
矩阵 $\boldsymbol{M}$ 由所选的线性变换决定

图 2.3 基的线性变换过程:$\vec{b}^t \Rightarrow \vec{b}^t \boldsymbol{M}$

当然,同样可以用矩阵乘以坐标向量表示一个新的坐标。

$$c \Rightarrow \boldsymbol{M} c$$

2.3.1 单位矩阵和逆矩阵

恒等映射保持所有向量不变,其矩阵是单位矩阵

$$\boldsymbol{I} = \begin{bmatrix} 1 & 0 & 0 \\ 0 & 1 & 0 \\ 0 & 0 & 1 \end{bmatrix}$$

矩阵 $\boldsymbol{M}$ 的逆唯一,表示为 $\boldsymbol{M}^{-1}$,满足 $\boldsymbol{M}\boldsymbol{M}^{-1} = \boldsymbol{M}^{-1}\boldsymbol{M} = \boldsymbol{I}$,它表示向量集上的逆变换。如果某线性变换可将多个向量映射到同一向量,则该变换不可逆,且其关联矩阵同样不可

逆。在计算机图形学中,使用 3D 线性变换对空间中物体进行移动和缩放时,不可逆变换几乎没有意义。因此,除非特别说明,在本书中出现的所有矩阵都是可逆的。

2.3.2 矩阵的基础变换

除描述变换($\Rightarrow$)外,矩阵还可表示一对基或一对向量间的等价关系($=$)。特别是,根据式(2.2),可得

$$\vec{a}^{\,t} = \vec{b}^{\,t} M \tag{2.3}$$

$$\vec{a}^{\,t} M^{-1} = \vec{b}^{\,t} \tag{2.4}$$

该式表示基 $\vec{a}^{\,t}$ 和基 $\vec{b}^{\,t}$ 之间的等价关系。

假设在特定的基中,使用特定坐标向量表示一个向量:$v = \vec{b}^{\,t} c$。基于式(2.3),可得

$$v = \vec{b}^{\,t} c = \vec{a}^{\,t} M^{-1} c$$

这不是一个变换(使用符号$\Rightarrow$),而是一个等式(使用符号$=$)。此处仅用两个基表示同一个向量。坐标向量 c 表示关于 b 的 v,与此同时,坐标向量 $M^{-1} c$ 表示关于 a 的同一个 v。

2.4 其 他 结 构

3D 空间中的两个向量可以进行**点积**(**dot product**)运算,并返回一个实数

$$v \cdot w$$

该点积将向量的平方长度(又称为平方范数)定义为

$$\| v \|^2 := v \cdot v$$

该点积与两个向量之间的夹角 $\theta \in [0..\pi]$ 相关

$$\cos(\theta) = v \cdot \frac{w}{\| v \| \| w \|}$$

如果 $v \cdot w = 0$,则称这两个向量是**正交的**(**orthogonal**)。

如果一组基中所有的基向量都是单位长度,并且两两正交,则这组基是**标准正交的**(**orthonormal**)(译者注:又称为规范正交基)。

在一组正交基 $\vec{b}^{\,t}$ 中,计算两个向量的点积 $(\vec{b}^{\,t} c) \cdot (\vec{b}^{\,t} d)$ 十分容易,计算过程如下。

$$(\vec{b}^{\,t} c) \cdot (\vec{b}^{\,t} d) = \left(\sum_i b_i c_i \right) \cdot \left(\sum_j b_j d_j \right)$$

$$= \sum_i \sum_j c_i d_j (b_i \cdot b_j)$$

$$= \sum_i c_i d_i$$

其中,第二行运用点积的双线性,第三行运用基的正交性。

在一组 2D 正交基中,如果第二个基向量可以由第一个基向量**逆时针旋转**(**counter clockwise**)90°得到,则称这组基满足**右手性**(**right handed**)(基向量的顺序在这里非常重要)。

在一组 3D 正交基中,如果三个(有序的)基向量依据图 2.4 排列,而不按图 2.5 排列,则称这组基满足右手性。在一组右手基中,张开右手,手指指向第一个基向量的方向,然后弯曲四指,指向第二个基向量的方向,那么大拇指将指向第三个基向量的方向。

图 2.4　一个右手标准正交坐标系。z 轴指向纸外,
并同时显示绕 x 轴旋转的方向

图 2.5　一个左手标准正交坐标系。
z 轴指向纸内

在 3D 空间中定义两个向量的**叉乘**(**cross product**)运算,结果仍为一个向量,表示为

$$v \times w := \|v\|\|w\|\sin(\theta)n$$

其中,n 是单位向量,垂直于由 v 和 w 构成的平面,$[v,w,n]$ 构成一组右手基。

在右手正交基 $\vec{b}^t$ 中,计算两个向量的叉乘 $(\vec{b}^t c) \times (\vec{b}^t d)$ 十分容易。它在基 $\vec{b}^t$ 下的坐标可以计算为

$$\begin{bmatrix} c_2 d_3 - c_3 d_2 \\ c_3 d_1 - c_1 d_3 \\ c_1 d_2 - c_2 d_1 \end{bmatrix}$$

2.5　旋　　转

旋转是最常见的线性变换,它保留向量间的点积,实现右手基之间的映射。因此,任意旋转一个右手标准正交基总会产生另一个右手标准正交基。**在 3D 中**,每次旋转会固定**一个旋转轴**(**axis of rotation**),**并绕该轴旋转某个角度**。

首先描述 2D 的情况,从如下向量入手:

$$v = \begin{bmatrix} b_1 & b_2 \end{bmatrix} \begin{bmatrix} x \\ y \end{bmatrix}$$

假设 $\vec{b}^t$ 是一个 2D 右手标准正交基,v 围绕原点逆时针旋转 θ 度,旋转后的坐标向量 $[x', y']^t$ 可表示为

$$x' = x\cos\theta - y\sin\theta$$
$$y' = x\sin\theta + y\cos\theta$$

该线性变换可表示为如下矩阵形式

$$\begin{bmatrix} \boldsymbol{b}_1 & \boldsymbol{b}_2 \end{bmatrix} \begin{bmatrix} x \\ y \end{bmatrix} \Rightarrow \begin{bmatrix} \boldsymbol{b}_1 & \boldsymbol{b}_2 \end{bmatrix} \begin{bmatrix} \cos\theta & -\sin\theta \\ \sin\theta & \cos\theta \end{bmatrix} \begin{bmatrix} x \\ y \end{bmatrix}$$

同样,旋转整个基可得

$$\begin{bmatrix} \boldsymbol{b}_1 & \boldsymbol{b}_2 \end{bmatrix} \Rightarrow \begin{bmatrix} \boldsymbol{b}_1 & \boldsymbol{b}_2 \end{bmatrix} \begin{bmatrix} \cos\theta & -\sin\theta \\ \sin\theta & \cos\theta \end{bmatrix}$$

对于 3D 的情况,同样假设在右手标准正交坐标系下,一个向量围绕 z 轴旋转 θ 度可表示为

$$\begin{bmatrix} \boldsymbol{b}_1 & \boldsymbol{b}_2 & \boldsymbol{b}_3 \end{bmatrix} \begin{bmatrix} x \\ y \\ z \end{bmatrix} \Rightarrow \begin{bmatrix} \boldsymbol{b}_1 & \boldsymbol{b}_2 & \boldsymbol{b}_3 \end{bmatrix} \begin{bmatrix} c & -s & 0 \\ s & c & 0 \\ 0 & 0 & 1 \end{bmatrix} \begin{bmatrix} x \\ y \\ z \end{bmatrix}$$

简单地说,引入符号表示 $c := \cos\theta$ 和 $s := \sin\theta$。这种变换与预期相符,第三个轴上的向量保持不变,在 z 为常数的固定平面上,该变换与上述 2D 旋转类似。右手抓住 z 轴,手掌根抵住平面 $z=0$,从而可视化旋转方向,手握紧时指尖的轨迹方向即为旋转方向。

围绕 x 轴的旋转可表示为

$$\begin{bmatrix} \boldsymbol{b}_1 & \boldsymbol{b}_2 & \boldsymbol{b}_3 \end{bmatrix} \begin{bmatrix} x \\ y \\ z \end{bmatrix} \Rightarrow \begin{bmatrix} \boldsymbol{b}_1 & \boldsymbol{b}_2 & \boldsymbol{b}_3 \end{bmatrix} \begin{bmatrix} 1 & 0 & 0 \\ 0 & c & -s \\ 0 & s & c \end{bmatrix} \begin{bmatrix} x \\ y \\ z \end{bmatrix}$$

同样,右手抓住 x 轴,手掌根抵住平面 $x=0$,握紧时指尖的轨迹方向即为旋转方向(见图 2.4)。

绕 y 轴旋转可由如下矩阵表示

$$\begin{bmatrix} c & 0 & s \\ 0 & 1 & 0 \\ -s & 0 & c \end{bmatrix}$$

从某种意义上讲,按照下列步骤可以实现任意 3D 旋转。首先,旋转的组合也是另一个旋转。同样,运用 x 轴、y 轴及 z 轴的旋转即可实现任意的旋转。这三个旋转角称为 **xyz-欧拉角(xyz-Euler angles)**,并将欧拉角想象成一套**三轴陀螺仪(gimbals)**,通过三个可移动的轴和三个可设定的角度值实现旋转(见图 2.6)。

更直接的表示方法是选择任意单位向量 $\boldsymbol{k}$ 作为**旋转轴(axis of rotation)**,并直接围绕该轴旋转 θ 度。令单位坐标向量 $[k_x, k_y, k_z]^t$ 为 $\boldsymbol{k}$ 的坐标,该旋转即为

$$\begin{bmatrix} k_x^2 v + c & k_x k_y v - k_z s & k_x k_z v + k_y s \\ k_y k_x v + k_z s & k_y^2 v + c & k_y k_z v - k_x s \\ k_z k_x v - k_y s & k_z k_y v + k_x s & k_z^2 v + c \end{bmatrix} \tag{2.5}$$

图 2.6　通过分别设置三个轴的适当旋转角度,将金盘置于任意方向

此处引入符号 $v:=1-c$。相反,任意旋转矩阵均可如此表示。

注意,3D 旋转过程有点复杂。围绕不同轴的旋转顺序不可交换。另外,将分别绕两个不同的轴旋转进行组合,即可视为围绕另外第三条轴的旋转。

第 7 章将介绍旋转的四元数表示方法,这有助于实现不同方向间的平滑过渡。

2.6　缩　　放

为建模几何物体,需应用向量和基的缩放变换。可将任意向量缩放 α 倍表示为

$$[\boldsymbol{b}_1 \quad \boldsymbol{b}_2 \quad \boldsymbol{b}_3] \begin{bmatrix} x \\ y \\ z \end{bmatrix} \Rightarrow [\boldsymbol{b}_1 \quad \boldsymbol{b}_2 \quad \boldsymbol{b}_3] \begin{bmatrix} \alpha & 0 & 0 \\ 0 & \alpha & 0 \\ 0 & 0 & \alpha \end{bmatrix} \begin{bmatrix} x \\ y \\ z \end{bmatrix}$$

分别沿三个坐标轴方向进行缩放,可表示为如下更通用的形式

$$[\boldsymbol{b}_1 \quad \boldsymbol{b}_2 \quad \boldsymbol{b}_3] \begin{bmatrix} x \\ y \\ z \end{bmatrix} \Rightarrow [\boldsymbol{b}_1 \quad \boldsymbol{b}_2 \quad \boldsymbol{b}_3] \begin{bmatrix} \alpha & 0 & 0 \\ 0 & \beta & 0 \\ 0 & 0 & \gamma \end{bmatrix} \begin{bmatrix} x \\ y \\ z \end{bmatrix}$$

例如,假设已知建模球体的方法,该运算将有助于建模椭球。

习　　题

2.1　在下列符号表达式中,哪些是有意义的? 如果有,它们的运算结果是什么类型?
$\vec{b}'\boldsymbol{M}, c\boldsymbol{M}, \boldsymbol{M}^{-1}c, \vec{b}'\boldsymbol{N}\boldsymbol{M}^{-1}c$

2.2　假设 $\vec{a}' = \vec{b}'\boldsymbol{M}$,求向量 $\vec{b}'\boldsymbol{N}c$ 在基 $\vec{a}'$ 下的坐标。

2.3　假设 $\boldsymbol{0}$ 为零向量,对于任意的线性变换 $\mathcal{L}$,求 $\mathcal{L}(\boldsymbol{0})$。

2.4　假设变换 $\mathcal{T}(v)$ 表示为 v 增加一个非零常数向量 $\boldsymbol{k}$,即 $\mathcal{T}(v) = v + \boldsymbol{k}$。那么,$\mathcal{T}$ 是线性变换吗?

第 3 章

仿 射 变 换

3.1 点和坐标系

1. 点

将点和向量理解为两个不同的概念十分重要。点表示几何世界中某个固定的位置，而向量表示几何世界中两点之间的移动。我们使用不同的符号区分点和向量，向量 v 用黑斜体标记，而点 $\tilde{p}$ 上用波浪号标记。

如果向量表示两点间的移动，向量运算（加法和数乘）则具有显著意义。两个向量的加法运算表示两个移动的连接，将标量乘以一个向量表示移动的增加或减少（以某因子增减）。零向量是一个特殊向量，表示没有移动。

但这些运算对点没有多大意义。两点相加应意味着什么呢？例如，哈佛广场加上肯德尔广场是什么？一个点乘以标量的意义是什么？北极点的 7 倍是多少？是否存在一个作用不同的其他零点呢？

然而，点的减法运算确有意义。两点相减时，即获得第二点到第一点间的移动，

$$\tilde{p} - \tilde{q} = v$$

相反，如果从一点开始，沿某向量移动，即可得另一点

$$\tilde{q} + v = \tilde{p}$$

点的线性变换是有意义的，如一点围绕某定点的旋转。然而，点的平移同样具有意义（对向量而言却没有意义）。为表示平移，需引入**仿射变换**（**affine transform**）的概念，并使用 4×4 矩阵实现该变换，这些矩阵不仅便于计算此处的仿射变换，而且为介绍后文的相机投影运算做了铺垫（参见第 10 章）。

2. 坐标系

在仿射空间中，首先从原点 $\tilde{o}$ 开始，向其增添一些线性组合的向量，从而表示任意点 $\tilde{p}$。使用坐标 c_i 和向量基表示

$$\tilde{p} = \tilde{o} + \sum_i c_i \boldsymbol{b}_i = \begin{bmatrix} \boldsymbol{b}_1 & \boldsymbol{b}_2 & \boldsymbol{b}_3 & \tilde{o} \end{bmatrix} \begin{bmatrix} c_1 \\ c_2 \\ c_3 \\ 1 \end{bmatrix} = \vec{f}^{\,t} \boldsymbol{c}$$

其中，$1\tilde{o}$ 即为 $\tilde{o}$。如下表示称为一个**仿射坐标系**（**affine frame**）。

$$\begin{bmatrix} \boldsymbol{b}_1 & \boldsymbol{b}_2 & \boldsymbol{b}_3 & \tilde{o} \end{bmatrix} = \vec{f}^{\,t}$$

与基类似，该坐标系由三个向量和一个点组成。

为确定坐标系中一点，可以使用一个 4D 坐标向量（译者注：即为齐次坐标，点 (x, y, z) 的齐次坐标定义为 (x_h, y_h, z_h, h)，其中 $h \neq 0$，$x_h = hx$，$y_h = hy$，$z_h = hz$），其中第四项为 1。为表示仿射坐标系中的向量，可以使用一个第四项为 0 的坐标向量（即仅为基向量的组合）。这种 4D 坐标向量（以及 4×4 矩阵）的几何表示方法有助于我们在第 10 章中对针孔相机进行建模。

3.2　仿射变换和 4×4 矩阵

与线性变换类似，可以通过在 4D 坐标向量和坐标系之间放置适当的矩阵来定义点的仿射变换。

将**仿射矩阵**（**affine matrix**）表示为如下 4×4 矩阵

$$\begin{bmatrix} a & b & c & d \\ e & f & g & h \\ i & j & k & l \\ 0 & 0 & 0 & 1 \end{bmatrix}$$

点 $\tilde{p} = \vec{f}^{\,t} \boldsymbol{c}$ 的仿射变换如下

$$\begin{bmatrix} \boldsymbol{b}_1 & \boldsymbol{b}_2 & \boldsymbol{b}_3 & \tilde{o} \end{bmatrix} \begin{bmatrix} c_1 \\ c_2 \\ c_3 \\ 1 \end{bmatrix} \Rightarrow \begin{bmatrix} \boldsymbol{b}_1 & \boldsymbol{b}_2 & \boldsymbol{b}_3 & \tilde{o} \end{bmatrix} \begin{bmatrix} a & b & c & d \\ e & f & g & h \\ i & j & k & l \\ 0 & 0 & 0 & 1 \end{bmatrix} \begin{bmatrix} c_1 \\ c_2 \\ c_3 \\ 1 \end{bmatrix}$$

或简写为

$$\vec{f}^{\,t} \boldsymbol{c} \Rightarrow \vec{f}^{\,t} \boldsymbol{A} \boldsymbol{c}$$

如下乘法给出了一个第四项为 1 的 4D 向量坐标，由此得出上述变换中的右侧表达式即表示一个有效的点

$$
\begin{bmatrix} x' \\ y' \\ z' \\ 1 \end{bmatrix} = \begin{bmatrix} a & b & c & d \\ e & f & g & h \\ i & j & k & l \\ 0 & 0 & 0 & 1 \end{bmatrix} \begin{bmatrix} x \\ y \\ z \\ 1 \end{bmatrix}
$$

另外,如下乘法给出了一个有效坐标系,由三个向量和一个点组成

$$
[\boldsymbol{b}'_1 \quad \boldsymbol{b}'_2 \quad \boldsymbol{b}'_3 \quad \tilde{o}'] = [\boldsymbol{b}_1 \quad \boldsymbol{b}_2 \quad \boldsymbol{b}_3 \quad \tilde{o}] \begin{bmatrix} a & b & c & d \\ e & f & g & h \\ i & j & k & l \\ 0 & 0 & 0 & 1 \end{bmatrix}
$$

其中,$0\tilde{o}$ 即为 $\boldsymbol{0}$。注意,如果矩阵的最后一行不是 $[0,0,0,1]$,得到的结论也通常无效。

与线性变换类似,对坐标系进行如下仿射变换

$$
[\boldsymbol{b}_1 \quad \boldsymbol{b}_2 \quad \boldsymbol{b}_3 \quad \tilde{o}] \Rightarrow [\boldsymbol{b}_1 \quad \boldsymbol{b}_2 \quad \boldsymbol{b}_3 \quad \tilde{o}] \begin{bmatrix} a & b & c & d \\ e & f & g & h \\ i & j & k & l \\ 0 & 0 & 0 & 1 \end{bmatrix}
$$

或简写为

$$
\vec{f}\,' \Rightarrow \vec{f}\,' \boldsymbol{A}
$$

3.3 点的线性变换

假设使用一个 3×3 的矩阵表示线性变换,将其插至一个 4×4 矩阵的左上角,并使用这个较大的矩阵对点(或坐标系)进行变换。

$$
[\boldsymbol{b}_1 \quad \boldsymbol{b}_2 \quad \boldsymbol{b}_3 \quad \tilde{o}] \begin{bmatrix} c_1 \\ c_2 \\ c_3 \\ 1 \end{bmatrix} \Rightarrow [\boldsymbol{b}_1 \quad \boldsymbol{b}_2 \quad \boldsymbol{b}_3 \quad \tilde{o}] \begin{bmatrix} a & b & c & 0 \\ e & f & g & 0 \\ i & j & k & 0 \\ 0 & 0 & 0 & 1 \end{bmatrix} \begin{bmatrix} c_1 \\ c_2 \\ c_3 \\ 1 \end{bmatrix}
$$

这与 c_i 线性变换后的效果相同,如果点 $\tilde{p}$ 相对于原点 $\tilde{o}$ 移动了一个向量 v,效果则等同于对该向量进行线性变换。因此,如果 3×3 矩阵为旋转矩阵,该旋转变换将围绕原点进行(见图 3.1)。对于点的线性变换,其坐标原点的位置尤为重要,参见第 4 章。

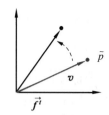

图 3.1　点的线性变换,通过变换其距原点的偏移向量实现

简单地说,使用如下 4×4 矩阵表示线性变换:

$$L = \begin{bmatrix} l & 0 \\ 0 & 1 \end{bmatrix}$$

其中,L 是一个 4×4 矩阵,l 是一个 3×3 矩阵,右上角的 **0** 是 3×1 的零矩阵,左下角的 **0** 是 1×3 的零矩阵,右下角的 1 是一个标量。

3.4　点的平移

点的平移变换非常重要,且是非线性的(参见习题 2.4)。相对于线性变换,仿射变换的主要作用是描述平移。如果使用如下变换

$$\begin{bmatrix} b_1 & b_2 & b_3 & \tilde{o} \end{bmatrix} \begin{bmatrix} c_1 \\ c_2 \\ c_3 \\ 1 \end{bmatrix} \Rightarrow \begin{bmatrix} b_1 & b_2 & b_3 & \tilde{o} \end{bmatrix} \begin{bmatrix} 1 & 0 & 0 & t_x \\ 0 & 1 & 0 & t_y \\ 0 & 0 & 1 & t_z \\ 0 & 0 & 0 & 1 \end{bmatrix} \begin{bmatrix} c_1 \\ c_2 \\ c_3 \\ 1 \end{bmatrix}$$

其对坐标的效果为

$$c_1 \Rightarrow c_1 + t_x$$
$$c_2 \Rightarrow c_2 + t_y$$
$$c_3 \Rightarrow c_3 + t_z$$

将平移变换简写为

$$T = \begin{bmatrix} i & t \\ 0 & 1 \end{bmatrix}$$

其中,T 是一个 4×4 矩阵,i 是一个 3×3 的单位矩阵,t 是一个代表平移的 3×1 矩阵,**0** 是一个 1×3 的零矩阵,右下角的 1 是一个标量。

注意,如果 c 的第四项为 0,那么它即为一个向量,而并非一个点,且不受平移影响。

3.5 综　　合

任意仿射矩阵都可以分解成线性变换部分和平移变换部分。

$$\begin{bmatrix} a & b & c & d \\ e & f & g & h \\ i & j & k & l \\ 0 & 0 & 0 & 1 \end{bmatrix} = \begin{bmatrix} 1 & 0 & 0 & d \\ 0 & 1 & 0 & h \\ 0 & 0 & 1 & l \\ 0 & 0 & 0 & 1 \end{bmatrix} \begin{bmatrix} a & b & c & 0 \\ e & f & g & 0 \\ i & j & k & 0 \\ 0 & 0 & 0 & 1 \end{bmatrix}$$

或简写为

$$\begin{bmatrix} l & t \\ 0 & 1 \end{bmatrix} = \begin{bmatrix} i & t \\ 0 & 1 \end{bmatrix} \begin{bmatrix} l & 0 \\ 0 & 1 \end{bmatrix} \tag{3.1}$$

$$\boldsymbol{A} = \boldsymbol{TL} \tag{3.2}$$

注意，由于矩阵乘法不满足交换律，所以相乘的顺序十分重要。使用不同的平移矩阵 $\boldsymbol{T}'$ 也可将仿射矩阵分解为 $\boldsymbol{A} = \boldsymbol{LT}'$，但我们不用这种形式。

如果 $\boldsymbol{A}$ 的线性变换部分 $\boldsymbol{L}$ 是一个旋转，则写作

$$\boldsymbol{A} = \boldsymbol{TR} \tag{3.3}$$

在这种情况下，将矩阵 $\boldsymbol{A}$ 称为一个**刚体矩阵**（rigid body matrix），它的变换即为**刚体变换**（rigid body transform，RBT），这种刚体变换保持向量的点积、基的左右手性、点的距离不变。

3.6 法　向　量

在计算机图形学中，经常根据曲面的法向量确定表面点的遮挡情况，所以对曲面上的点进行关于矩阵 $\boldsymbol{A}$ 的仿射变换时，需了解其法向量的变换过程。

有人认为可以直接将法向量坐标乘以 $\boldsymbol{A}$，如几何体旋转时，法向量以完全相同的方式旋转。然而，事实上矩阵 $\boldsymbol{A}$ 并不总适用，例如，在图 3.2 中沿 y 轴挤压球体，实际法向量沿 y 轴拉伸而非收缩。在这里，可以推出适用于所有情况的正确变换。

将光滑曲面上一点的**法向量**（normal）定义为垂直于该点处切平面的向量，该切平面由向量集合组成，这些向量由（无穷接近地）相邻面上的点作差表示。因此，已知法向量 $\boldsymbol{n}$ 与表面上两个非常接近的点 $\tilde{p}_1$ 和 $\tilde{p}_2$，则有

$$\boldsymbol{n} \cdot (\tilde{p}_1 - \tilde{p}_2) = 0$$

在某个标准正交坐标系下，即表示为

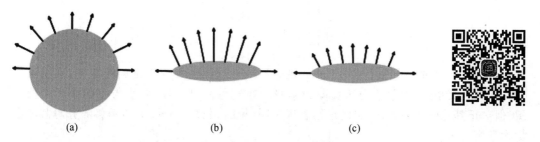

图 3.2　(a)球体及其法向量；(b)球体沿 *y* 轴收缩，其(未归一化的)法向量沿 *y* 轴拉伸；
(c)重新归一化球体的法向量后，得到压缩形状的正确单位法向量

$$[nx \quad ny \quad nz \quad *] \left(\begin{bmatrix} x1 \\ y1 \\ z1 \\ 1 \end{bmatrix} - \begin{bmatrix} x0 \\ y0 \\ z0 \\ 1 \end{bmatrix} \right) = 0 \qquad (3.4)$$

因为第四项将乘以 0，其数值对结果没有影响，所以该项用符号 * 代替。

假设使用仿射矩阵 A 对所有点进行仿射变换，哪种向量可以与任意切向量保持垂直呢？将式(3.4)重新表示为

$$\left([nx \quad ny \quad nz \quad *] A^{-1} \right) \left(A \left(\begin{bmatrix} x1 \\ y1 \\ z1 \\ 1 \end{bmatrix} - \begin{bmatrix} x0 \\ y0 \\ z0 \\ 1 \end{bmatrix} \right) \right) = 0$$

假设变换后点的坐标为 $[x', y', z', 1] = A[x, y, z, 1]^t$，且 $[nx', ny', nz', *] = [nx, ny, nz, 1] A^{-1}$，则有

$$[nx' \quad ny' \quad nz' \quad *] \left(\begin{bmatrix} x1' \\ y1' \\ z1' \\ 1 \end{bmatrix} - \begin{bmatrix} x0' \\ y0' \\ z0' \\ 1 \end{bmatrix} \right) = 0$$

可知，$[nx', ny', nz']^t$ 是几何变换后法向量的坐标(与原坐标成比例关系)。

注意，由于不考虑 * 的取值，因此无须考虑 A^{-1} 的第四列。同时，A 和 A^{-1} 都是仿射矩阵，其余三列的第四行均为零，一并省略后简写为

$$A = \begin{bmatrix} l & t \\ 0 & 1 \end{bmatrix}$$

已知

$$[nx' \quad ny' \quad nz'] = [nx \quad ny \quad nz] l^{-1}$$

将矩阵转置可得

$$\begin{bmatrix} n\,x' \\ n\,y' \\ n\,z' \end{bmatrix} = \boldsymbol{l}^{-t} \begin{bmatrix} nx \\ ny \\ nz \end{bmatrix}$$

其中，$\boldsymbol{l}^{-t}$ 是 3×3 的逆转置（等价于转置的逆）矩阵。注意，如果 $\boldsymbol{l}$ 是旋转矩阵，那么也一定是标准正交矩阵，因此其逆转置即为本身。在这种情况下，法向量与点的坐标变换一致，但对于其他的线性变换，法向量则表现不同（见图 3.2）。另外，$\boldsymbol{A}$ 的平移部分对其法向量无影响。

习　　题

3.1　证明对于实数 α_i，只要满足 $1 = \sum_i \alpha_i$，点的运算 $\alpha_1 \widetilde{p}_1 + \alpha_2 \widetilde{p}_2$ 即有几何意义，可参考 3.1 节介绍的点和向量的运算。

第4章

进　阶

4.1　坐标系的重要性

在计算机图形学中会同时接触到大量不同的坐标系。例如,场景中的每个对象可能都与一个不同的坐标系相关联。第 5 章将详细介绍这些坐标系的构成与应用。因此,用矩阵定义变换时需十分仔细。

确定一点和一个变换矩阵并不能完全指明其实际映射,仍须明确当前使用的坐标系。简单举例:假设有一点 $\tilde{p}$ 和如下矩阵

$$S = \begin{bmatrix} 2 & 0 & 0 & 0 \\ 0 & 1 & 0 & 0 \\ 0 & 0 & 1 & 0 \\ 0 & 0 & 0 & 1 \end{bmatrix}$$

接下来确定坐标系 $\vec{f}^{\,t}$,使用该坐标系,点可由适当的坐标向量表示,如 $\tilde{p} = \vec{f}^{\,t}c$。如果先使用矩阵对点进行变换,即有 $\vec{f}^{\,t}c \Rightarrow \vec{f}^{\,t}Sc$,参见第 3 章。其中,该矩阵变换的效果为从坐标系 $\vec{f}^{\,t}$ 的原点出发,沿 $\vec{f}^{\,t}$ 的第一轴(x 轴)方向,将该点的坐标放大两倍。

假设选择另外的坐标系 $\vec{a}^{\,t}$,并且它与原坐标系的关系为 $\vec{a}^{\,t} = \vec{f}^{\,t}A$,则可用新坐标系下的坐标向量表示原先的点,如 $\tilde{p} = \vec{f}^{\,t}c = \vec{a}^{\,t}d$,其中 $d = A^{-1}c$。

如果在坐标系 $\vec{a}^{\,t}$ 下对点进行 S 变换,即有 $\vec{a}^{\,t}d \Rightarrow \vec{a}^{\,t}Sd$。在这种情况下,对同一个点 $\tilde{p}$ 进行缩放,但这次是从 $\vec{a}^{\,t}$ 的原点出发,沿 $\vec{a}^{\,t}$ 的第一轴(x 轴)方向缩放该点(见图 4.1)。图 4.2 显示了用固定矩阵 R 旋转一点时,结果同样依赖于对坐标系的选择。

需要重点注意的是,变换该点(此处为非均匀缩放)的坐标系如下式的矩阵左边所示,所以将其称为**左定则**(**left of rule**),将"在坐标系 $\vec{f}^{\,t}$ 下 $\tilde{p}$ 的变换 S"表示为

$$\tilde{p} = \vec{f}^{\,t}c \Rightarrow \vec{f}^{\,t}Sc$$

将"在坐标系 $\vec{a}^{\,t}$ 下 $\tilde{p}$ 的变换 S"表示为

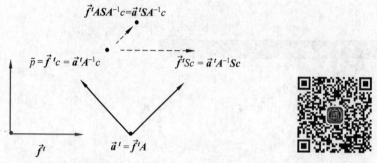

图 4.1　在不同坐标系下,对点 $\tilde{p}$ 进行相同的缩放变换 S 得到两种结果

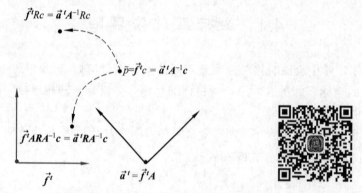

图 4.2　在不同坐标系下,对点 $\tilde{p}$ 进行相同的旋转变换 R 得到两种结果

$$\tilde{p} = \vec{a}^{t} A^{-1} c \Rightarrow \vec{a}^{t} S A^{-1} c$$

同理,对坐标系本身进行变换,将"在坐标系 $\vec{f}^{t}$ 下 $\vec{f}^{t}$ 的变换 S"表示为

$$\vec{f}^{t} \Rightarrow \vec{f}^{t} S$$

将"坐标系 $\vec{a}^{t}$ 下 $\vec{f}^{t}$ 的变换 S"表示为

$$\vec{f}^{t} = \vec{a}^{t} A^{-1} \Rightarrow \vec{a}^{t} S A^{-1}$$

4.1.1　使用辅助坐标系变换

我们经常需要在辅助坐标系 $\vec{a}^{t}$ 中,使用特定的矩阵 M 变换坐标系 $\vec{f}^{t}$。例如,假设使用某个坐标系对地球进行建模,现希望它围绕太阳的坐标系旋转。

只要已知 $\vec{f}^{t}$ 和 $\vec{a}^{t}$ 的关系矩阵,问题就会变得简单,假设已知

$$\vec{a}^{t} = \vec{f}^{t} A$$

变换后的坐标系即可表示为

$$\vec{f}^{t} \qquad\qquad\qquad (4.1)$$

$$= \vec{a}^{\prime t} \, A^{-1} \tag{4.2}$$

$$\Rightarrow \vec{a}^{\prime t} \, MA^{-1} \tag{4.3}$$

$$\Rightarrow \vec{f}^{\prime t} \, A \, MA^{-1} \tag{4.4}$$

式(4.2)用 $\vec{a}^{\prime t}$ 重新表示 $\vec{f}^{\prime t}$。式(4.3)用左定则变换坐标系,即在坐标系 $\vec{a}^{\prime t}$ 下进行 M 变换。式(4.4)简单地重写表达式,从而舍弃辅助坐标系。

4.2 多重变换

解释多重变换可用左定则。3.5 节已提及,矩阵乘法不满足交换律。在如下 2D 示例中,令 R 为一个旋转矩阵,绕坐标系原点旋转 θ 度;令 T 为一个平移矩阵,沿 x 轴方向平移一个单位(见图 4.3)。

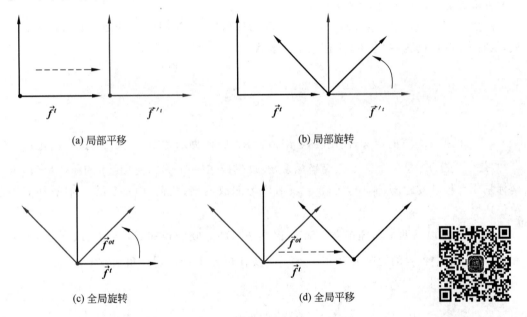

(a) 局部平移   (b) 局部旋转

(c) 全局旋转   (d) 全局平移

图 4.3 表达式 $\vec{f}^{\prime t} TR$ 的两种示意图

接下来,我们解释如下变换:

$$\vec{f}^{\prime t} \Rightarrow \vec{f}^{\prime t} TR$$

变换分为两步,第一步为在坐标系 $\vec{f}^{\prime t}$ 下 $\vec{f}^{\prime t}$ 的变换 T,可得 $\vec{f}^{\prime\prime t}$,表示为

$$\vec{f}^{\prime t} \Rightarrow \vec{f}^{\prime t} T = \vec{f}^{\prime\prime t}$$

第二步为在坐标系 $\vec{f}^{\prime\prime t}$ 下 $\vec{f}^{\prime\prime t}$ 的变换 R,表示为

$$\vec{f}^{\prime t} T \Rightarrow \vec{f}^{\prime t} TR$$

即

$$\vec{f}'' \Rightarrow \vec{f}'' R$$

通过调整旋转和平移的顺序,组合变换还可以解释为另外一种方式。第一步为在坐标系 $\vec{f}'$ 下 $\vec{f}'$ 的变换 R,可得 $\vec{f}^{ot}$

$$\vec{f}' \Rightarrow \vec{f}' R = \vec{f}^{ot}$$

第二步为在坐标系 $\vec{f}'$ 下 $\vec{f}^{ot}$ 的变换 T

$$\vec{f}' R \Rightarrow \vec{f}' TR$$

以上仅为同一组合变换的两种解释:

(1) 首先在坐标系 $\vec{f}'$ 下平移,然后在中间坐标系下旋转。

(2) 首先在坐标系 $\vec{f}'$ 下旋转,然后在原坐标系下平移。

这两种解释方式的适用性视情况而定。

总之,在观察变换表达式时,从左向右看,即解释为在新创建的"局部"坐标系下的变换,从右向左时,则为在"全局"坐标系下的变换。

习　题

4.1　根据 4.2 节的定义,画出变换 $\vec{f}' \Rightarrow \vec{f}' RT$ 的两种示意图(与图 4.3 进行比较)。

4.2　假设 $\vec{f}'$ 是一个标准正交坐标系,经过变换 $\vec{f}' \Rightarrow \vec{f}' ST$,使用 $\vec{f}'$ 的原始单位,求坐标系原点移动的距离(其中,矩阵 S 表示均匀缩放两倍,矩阵 T 表示沿 x 轴平移一个单位)。

4.3　给定以下两个标准正交坐标系 $\vec{a}'$ 和 $\vec{b}'$,两点间的距离为正数 d_i,求 $\vec{b}' = \vec{a}' TR$ 和 $\vec{b}' = \vec{a}' RT$ 中各自的矩阵 R 和 T(注意:不要在矩阵 T 中使用三角函数项)。

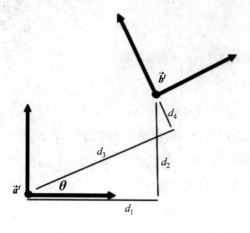

4.4　给定如下三个坐标系，假设 $\vec{b}' = \vec{a}'N$ 和 $\vec{c}' = \vec{a}'M$，求矩阵 M，仅用符号 N 和 θ 表示。

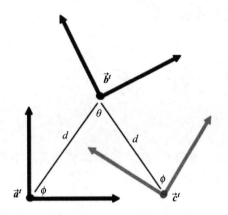

第 5 章

坐 标 系

基于前文点和矩阵变换等基本知识,本章介绍它们在计算机图形学中的典型应用,并从第 6 章开始讨论各种建模操作及图像处理方法。

5.1　世界坐标系、对象坐标系和眼坐标系

描述场景中的几何结构或形状时,从**世界坐标系**(**world frame**)(译者注:又称为全局坐标系)入手,它是一个基本的右手正交坐标系 $\vec{w}^t$,由于其不变性,可以构建与之相关的其他坐标系。世界坐标系中表示某点位置的坐标即为**世界坐标**(**world coordinates**)(译者注:又称为全局坐标)。

假设在场景中模拟一辆移动的汽车,建模几何对象的顶点坐标时无须明确该对象在场景中的整体布局,并在不改变所有这些坐标的情况下移动该汽车。这些可通过对象坐标系实现。

为场景中的每个对象关联一个右手标准正交**对象坐标系**(**object frame**)$\vec{o}^t$(译者注:又称为局部坐标系),现可在对象坐标系中表示物体各部分的位置,这些坐标称为**对象坐标**(**object coordinates**)(译者注:又称为局部坐标),并存储在程序中。我们仅更新 $\vec{o}^t$ 即可移动整个对象,而无须改变点的对象坐标。

4×4 的(刚体)仿射矩阵 O 可表示对象坐标系与世界坐标系的关系,即

$$\vec{o}^t = \vec{w}^t O$$

在计算机程序中,存储矩阵 O 可以通过上式关联世界坐标系和对象坐标系。当移动坐标系 $\vec{o}^t$ 时,则改变矩阵 O。

在现实世界中,为获取 3D 环境的 2D 图,可以在场景中的某位置放置相机。每个物体在图片中的位置取决于它与相机的 3D 关系,即它在一组适当基下的坐标。在计算机图形学中,通过建立**眼坐标系**(**eye frame**)(译者注:又称为观察坐标系(view coordinate system)或相机坐标系(camera coordinate system))实现,即一个右手标准正交坐标系 $\vec{e}^t$。令眼睛看向 z-负半轴且生成图片(见图 5.1)。眼坐标系与某个 4×4 的(刚体)矩阵 E 相关。

$$\vec{e}^{\,t} = \vec{w}^{\,t} E$$

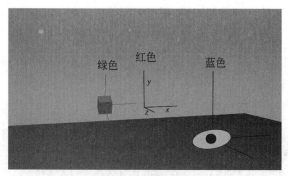

(a)各种坐标系

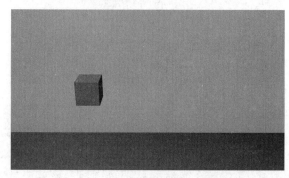

(b)眼睛的视角

图 5.1 世界坐标系以红色显示,对象坐标系以绿色显示,眼坐标系以蓝色显示。眼睛朝 z-负半轴看向对象

在计算机程序中明确地存储矩阵 E,后给定一点

$$\tilde{p} = \vec{o}^{\,t} c = \vec{w}^{\,t} Oc = \vec{e}^{\,t} E^{-1} Oc$$

其中,c 是对象坐标,Oc 是世界坐标,$E^{-1}Oc$ 是**眼坐标**(**eye coordinates**)(译者注:又称为观察坐标系(view coordinates)或相机坐标系(camera coordinates))。用符号 o 表示对象坐标系,w 表示世界坐标系,e 表示眼坐标系,因此可得

$$\begin{bmatrix} x_e \\ y_e \\ z_e \\ 1 \end{bmatrix} = E^{-1} O \begin{bmatrix} x_o \\ y_o \\ z_o \\ 1 \end{bmatrix}$$

最后,正是这些眼坐标指明了每个顶点在渲染图像中的位置,所以需在渲染过程中为每个顶点计算其眼坐标,详见第 6 章。

5.2　移动坐标系

在 3D 交互式程序中,通常希望使用某刚体变换移动空间中的对象和眼睛,接下来介绍具体方法。

5.2.1　移动对象

适当地更新对象坐标系的矩阵 $\boldsymbol{O}$,即可移动对象。

为实现在坐标系 $\vec{a}^t = \vec{w}^t \boldsymbol{A}$ 下对象坐标系 $\vec{o}^t$ 的变换 $\boldsymbol{M}$,如式(4.1),则有

$$\vec{o}^t \tag{5.1}$$

$$= \vec{w}^t \boldsymbol{O} \tag{5.2}$$

$$= \vec{a}^t \boldsymbol{A}^{-1} \boldsymbol{O} \tag{5.3}$$

$$\Rightarrow \vec{a}^t \boldsymbol{M} \boldsymbol{A}^{-1} \boldsymbol{O} \tag{5.4}$$

$$= \vec{w}^t \boldsymbol{A} \boldsymbol{M} \boldsymbol{A}^{-1} \boldsymbol{O} \tag{5.5}$$

因此,在代码中使用 $\boldsymbol{O} \leftarrow \boldsymbol{A} \boldsymbol{M} \boldsymbol{A}^{-1} \boldsymbol{O}$ 表示。

对于 $\vec{a}^t$,我们如何选择呢? 最显而易见的方法为在对象坐标系 $\vec{o}^t$ 下,对 $\vec{o}^t$ 本身进行变换,但这意味着所用轴即为物体本身对应的轴。"向右"即为物体右边,它不对应于观察图像中的任何特定方向。取而代之,可尝试在坐标系 $\vec{e}^t$ 下变换 $\vec{o}^t$,该方法虽然可以解决轴的问题,但也会产生另一个问题:旋转物体时,它将围绕眼坐标系的原点旋转,就如同绕着我们的眼睛旋转一样。然而,通常认为 $\vec{o}^t$ 的原点即为物体中心,绕其旋转更为自然(见图 5.2)。

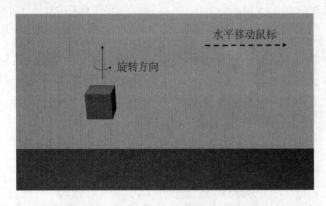

图 5.2　向右移动鼠标时,物体以其原点为中心,围绕观察者的 y 轴旋转

为解决以上两个问题,创建一个新坐标系,以物体原点为中心,其坐标轴与眼坐标系相同。为此,矩阵分解为

$$O = (O)_T (O)_R$$
$$E = (E)_T (E)_R$$

其中，$(O)_T$ 和 $(O)_R$ 分别表示 O 的平移和旋转因子（E 同理），如式（3.3），从而得到辅助坐标系

$$\vec{a}^{\,t} = \vec{w}^{\,t} (O)_T (E)_R \tag{5.6}$$

首先从世界坐标系开始，然后将其平移至对象坐标系的中心（从左至右读取，依次局部解释），然后围绕该点进行旋转，使其与眼睛的方向对齐（见图5.3）。

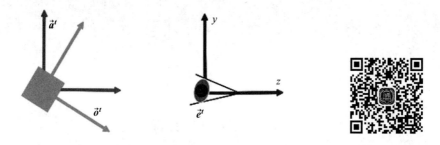

图 5.3　辅助坐标系 $\vec{a}^{\,t}$ 以 $\vec{o}^{\,t}$ 为原点，其坐标轴与 $\vec{e}^{\,t}$ 相同，x 轴朝向纸内，此处未显示

因此，对于这类物体移动，式（5.1）中的矩阵 A 应表示为 $A = (O)_T (E)_R$。

此外，另一种计算可以实现相同的效果。假设绕其自身中心旋转物体，以 k 为轴，k 在坐标系 $\vec{e}^{\,t}$ 下的坐标为 k（以上由 k 得到矩阵 M，并结合一个适当的 A，更新 $O \leftarrow AMA^{-1}O$），首先计算 k'，即 k 在坐标系 $\vec{o}^{\,t}$ 下的坐标，然后将 k' 插入式（2.5），得到在坐标系 $\vec{o}^{\,t}$ 下表示旋转的矩阵 M'，即可将对象矩阵更新为

$$O \leftarrow OM' \tag{5.7}$$

5.2.2　移动眼睛

接下来介绍眼睛移动以获取不同视角，这需要在计算机程序中更新矩阵 E，从而改变 $\vec{e}^{\,t}$。如同移动物体，须选择一个适当的坐标系来实现更新。

第一种方法，可用前文的辅助坐标系。在这种情况下，眼睛围绕物体的中心旋转。

第二种方法，可在眼坐标系中变换自身 $\vec{e}^{\,t}$。该方法对自身运动进行建模，如扭头，通常用于控制第一人称的动作。在这种情况下，矩阵 E 即为

$$E \leftarrow EM$$

5.2.3　观察

有时通过直接指定眼睛位置 $\tilde{p}$、视线目标点 $\tilde{q}$ 和垂直于眼睛的"向上向量" u，即可很容易地将眼坐标系表示为 $\vec{e}^{\,t} = \vec{w}^{\,t} E$（特别是静态图像）。$p, q$ 和 u 表示这些点和向量在坐

标系 $\vec{w}'$ 中的坐标，令

$$z = \text{normalize}(q - p)$$
$$y = \text{normalize}(u)$$
$$x = y \times z$$

其中

$$\text{normalize}(c) = \sqrt{c_1^2 + c_2^2 + c_3^2}$$

然后，令矩阵 E 为

$$
\begin{bmatrix}
x_1 & y_1 & z_1 & p_1 \\
x_2 & y_2 & z_2 & p_2 \\
x_3 & y_b & z_3 & p_3 \\
0 & 0 & 0 & 1
\end{bmatrix}
$$

5.3 缩放坐标系

目前为止，我们认为世界由可移动的对象组成，每个对象都有自己的标准正交坐标系，用其本身的刚体矩阵 $\vec{o}' = \vec{w}O$ 表示，我们只关注标准正交坐标系，以便实现目标平移和旋转变换。

对于对象建模，同样希望应用缩放变换，例如，将一个椭圆体建模为被压扁的球体。可行的一种方法是，同样为对象保留一个单独的缩放矩阵 O'，缩放后的对象坐标系（非标准正交）即为 $\vec{o}' = \vec{o}' O'$，如此，我们仍可通过如 5.2 节所述更新其矩阵 O 来移动对象。为绘制对象，矩阵 $E^{-1}OO'$ 可将缩放的对象坐标转化至眼坐标。

5.4 层次结构

为了方便，通常将对象视为一些固定或可移动的子对象的组合。每个子对象具有自己的标准正交坐标系（以及缩放后的坐标系），如 $\vec{a}'$，继而将其顶点坐标存储在它本身的坐标系中。基于这种层次结构，希望对物体的整体运动建模的同时，也能轻松地对其子对象们的独立运动分别建模。

例如，当模拟一个肢体可移动的机器人时，用一个对象坐标系和其缩放坐标系表示躯干，一个子对象坐标系表示可旋转的肩部，以及一个缩放的孙子对象坐标系表示上臂（与肩部一起移动）（见图 5.4）。

更新矩阵 O 以移动整个对象时，需要各部分一起移动（见图 5.5）。为此，用刚体矩阵表示子对象坐标系，该矩阵将其与对象坐标系关联（并非世界坐标系）。因此，存储一个刚

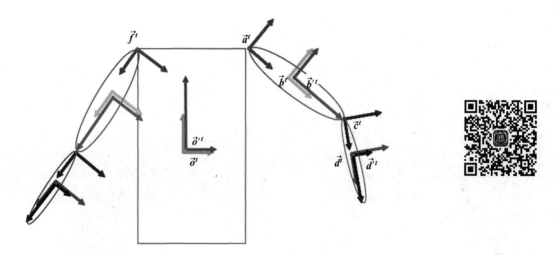

图5.4 在该例子中,对象坐标系 $\vec{o}\,'=\vec{w}\,'O$ 以绿色显示,缩放的对象坐标系 $\vec{o}\,''=\vec{o}\,'O'$ 以灰色显示。坐标系 $\vec{o}\,'$ 中的单位立方体坐标构成了一个矩形身体,通过改变矩阵 O 移动整个机器人。右肩坐标系 $\vec{a}\,'=\vec{o}\,'A$ 以青色显示,通过改变矩阵 A 的旋转因子旋转整个右臂。右上臂坐标系 $\vec{b}\,'=\vec{a}\,'B$ 以红色显示,缩放的右上臂坐标系 $\vec{b}\,''=\vec{b}\,'B'$ 以浅蓝色显示,在 $\vec{b}\,''$ 坐标系下绘制的单位球体坐标构成了椭球形的右上臂。$\vec{c}\,'=\vec{b}\,'C$ 表示右肘坐标系,通过改变矩阵 C 的旋转因子旋转右下臂。$\vec{d}\,'=\vec{c}\,'D$ 和 $\vec{d}\,''=\vec{d}\,'D'$ 分别表示下臂的标准正交坐标系和缩放后的坐标系,可用于绘制下臂。$\vec{f}\,'=\vec{o}\,'F$ 表示左肩坐标系(彩色插图可扫描二维码获取)

体矩阵 A 来定义关系 $\vec{a}\,'=\vec{o}\,'A$,以及一个缩放矩阵 A' 定义缩放的子对象坐标系 $\vec{a}\,''=\vec{a}\,'A'$。仅需更新矩阵 A,即可重新定位对象中的子对象。绘制子对象时,用矩阵 $E^{-1}OAA'$ 将"缩放后的子对象坐标"变换为眼坐标。显然,该方法可以递归地嵌套,将孙子对象表示为 $\vec{b}\,'=\vec{a}\,'B$,将缩放后的孙子对象表示为 $\vec{b}\,''=\vec{b}\,'B'$。

在机器人示例中,$\vec{a}\,'$ 表示右肩坐标系,$\vec{b}\,''$ 表示右上臂坐标系,$\vec{c}\,'=\vec{b}\,'C$ 表示右肘坐标系。$\vec{d}\,'=\vec{c}\,'D$ 和 $\vec{d}\,''=\vec{d}\,'D'$ 分别表示右下臂的标准正交坐标系和缩放的坐标系。为移动整个机器人,需更新矩阵 O(见图5.5);为从肩部弯曲右臂,需更新矩阵 A(见图5.6);为从肘部弯曲右臂,需更新矩阵 C(见图5.7)。

通常,数据结构**矩阵堆栈**(**matrix stack**)可用于存储当前已绘制子对象的矩阵。在该矩阵堆栈中,push(M)可创建一个新的"最顶层"矩阵,它仅为前一个最顶层矩阵的副本,然后将这个新的顶层矩阵右乘参数矩阵 M。pop()可删除堆栈的最顶层。当"下降"到子对象时,执行进栈(push),当该"下降"重新返回到父对象时,执行出栈(pop)。

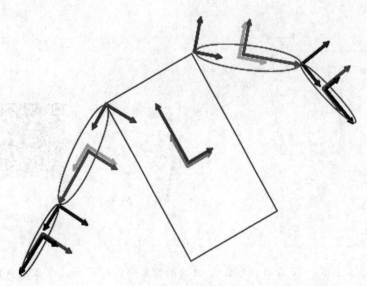

图 5.5　更新矩阵 O，移动整个机器人

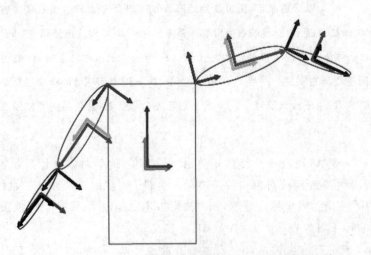

图 5.6　更新矩阵 A，从肩部弯曲右臂

例如，为绘制上述机器人，编写的伪代码如下。

```
...
matrixStack.initialize(inv(E));
matrixStack.push(O);
  matrixStack.push(O');
    draw(matrixStack.top(),cube);                    \\body
```

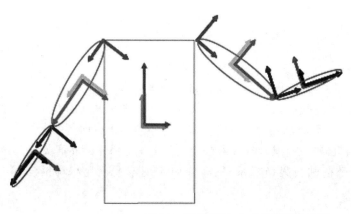

图 5.7 更新矩阵 *C*，从肘部弯曲右臂

```
matrixStack.pop();                              \\O'


matrixStack.push(A);
    matrixStack.push(B);
        matrixStack.push(B');
            draw(matrixStack.top(),sphere);     \\upper arm
        matrixStack.pop();                      \\B'


    matrixStack.push(C);
        matrixStack.push(C');
            draw(matrixStack.top(),sphere);     \\lower arm
        matrixStack.pop();                      \\C'
    matrixStack.pop();                          \\C


    matrixStack.pop();                          \\B
    matrixStack.pop();                          \\A
\\current top matrix is inv(E) * O
\\we can now draw another arm
    matrixStack.push(F);

    ...
```

正如上述伪代码，这些层次关系被硬编码到一个程序中，或者用某种称为**场景图**（**scene graph**）的链接树数据结构来表示。

习　题

　　5.1　假设一架喷气式飞机在空中飞行,用飞机自身的坐标系 $\vec{j}\,'(\vec{j}\,'=\vec{w}\,'J)$ 表示其几何形状,该坐标系的原点位于驾驶舱,z 轴的负方向朝向前窗,现可从飞行员的视角渲染场景,给定其他对象上的一点 $\vec{o}\,'c$,求绘制该点时传递给渲染器的坐标向量。

　　5.2　假设对图 5.4 的机器人进行操作,现需在给定如下坐标系中旋转肩关节,该坐标系的原点位于关节中心,坐标轴与眼坐标系对齐,如何实现该过程呢?(提示:可参考式(5.7))。

第6章

3D 世界

前述章节已经描述了坐标系和变换的相关概念,本章讨论在交互式 3D 图形学环境中如何实现它们。另外,附录 A 介绍了建立一个 OpenGL 程序的基本过程,建议在学习本章之前阅读。

6.1 坐标和矩阵

首先,我们用数据类型 Cvec2,Cvec3,Cvec4 表示坐标向量,需完成大小相同的向量 Cvecs 间的加法 $(\boldsymbol{u}+\boldsymbol{v})$,以及向量与实数的乘法 $(r\times\boldsymbol{v})$。就 Cvec4 而言,其中的项称为 x,y,z,w。既然如此,点的 w 值始终为 1,向量的 w 值为 0。

接下来,用数据类型 Matrix4 表示仿射矩阵,需支持如下 4 类运算:对 Cvec4 右乘 $(\boldsymbol{M}\times\boldsymbol{v})$、两个 Matrix4 的乘法 $(\boldsymbol{M}\times\boldsymbol{N})$、逆运算 inv$(\boldsymbol{M})$,以及转置运算 transpose$(\boldsymbol{M})$。

为创建变换矩阵,操作如下。

```
Matrix4 identity();
Matrix4 makeXRotation(double ang);
Matrix4 makeYRotation(double ang);
Matrix4 makeZRotation(double ang);
Matrix4 makeScale(double sx,double sy,double sz);
Matrix4 makeTranslation(double tx,double ty,double tz);
```

(在 C++ 中,从默认构造函数返回单位矩阵十分方便)。

为实现 3.5 节和 5.2.1 节的思想,定义一个运算 transFact$(\boldsymbol{M})$,返回一个仅表示 $\boldsymbol{M}$ 平移因子的 Matrix4,如式(3.1);定义运算 linFact$(\boldsymbol{M})$,返回一个仅表示 $\boldsymbol{M}$ 线性因子的 Matrix4。那么,即有 $\boldsymbol{M}=$ transFact$(\boldsymbol{M})\times$linFact$(\boldsymbol{M})$。

为实现 3.6 节的思想,定义一个运算 normalMatrix$(\boldsymbol{M})$,返回 $\boldsymbol{M}$ 线性部分的逆转置(存储在 Matrix4 的左上角)。

为实现 5.2.1 节的思想,定义一个函数 doQtoOwrtA$(\boldsymbol{Q},\boldsymbol{O},\boldsymbol{A})$,在坐标系 $\boldsymbol{A}$ 中进行 $\boldsymbol{O}$ 的变换 $\boldsymbol{Q}$,返回 $\boldsymbol{AMA}^{-1}\boldsymbol{O}$;定义函数 makeMixedFrame$(\boldsymbol{O},\boldsymbol{E})$,同时分解 $\boldsymbol{O}$ 和 $\boldsymbol{E}$,并返回 $(\boldsymbol{O})_T(\boldsymbol{E})_R$。

6.2 绘 制 形 状

首先,在 3D 绘图时,需在 OpenGL 中设置更多状态变量。

```
static void InitGLState(){
glClearColor(128./255.,200./255.,255./255.,0.);
glClearDepth(0.0);
glEnable(GL_DEPTH_TEST);
glDepthFunc(GL_GREATER);
glEnable(GL_CULL_FACE);
glCullFace(GL_BACK);
}
```

我们将在本书附录 A 介绍这些调用的详细含义。在 glClearColor 调用中,清除图像上的颜色,并清空 z-buffer。同时,不仅开启 z 缓冲(又称为深度缓冲),向 OpenGL 表明"z 值越大"即为"离眼睛越近",第 11 章将详细讨论 z 缓冲。为提高效率,令 OpenGL 剔除(即不绘制)所有面片的背面,当面片顶点按图像中的顺时针方向出现时,即为背面,该部分将在 12.2 节详细讨论。

现重回正题,用全局变量 Matrix4 objRbt 表示刚体矩阵 O,它关联物体的标准正交坐标系与世界坐标系,如 $\vec{o}^t = \vec{w}^t O$。全局变量 Matrix4 eyeRbt 表示刚体矩阵 E,它关联眼睛或视点的标准正交坐标系与世界坐标系,如 $\vec{e}^t = \vec{w}^t E$。

现查看如下代码,绘制两个三角形和一个立方体。

平面是一个正方形,由两个三角形组成。立方体由 6 个正方形组成,即 12 个三角形。与附录 A 类似,存储每个顶点的位置及其法向量的 3D 对象坐标。

```
GLfloat floorVerts[18] =
{
    -floor_size,floor_y,-floor_size,
    floor_size,floor_y,floor_size,
    floor_size,floor_y,-floor_size,
    -floor_size,floor_y,-floor_size,
    -floor_size,floor_y,floor_size,
    floor_size,floor_y,floor_size
};
GLfloat floorNorms[18] =
{
    0,1,0,
    0,1,0,
```

```
    0,1,0,
    0,1,0,
    0,1,0,
    0,1,0
};
GLfloat cubeVerts[36 * 3]=
{
    -0.5,-0.5,-0.5,
    -0.5,-0.5,+0.5,
    +0.5,-0.5,+0.5,
    // 33 more vertices not shown
};
// Normals of a cube.
GLfloat cubeNorms[36 * 3] =
{
    +0.0,-1.0,+0.0,
    +0.0,-1.0,+0.0,
    +0.0,-1.0,+0.0,
        // 33 more vertices not shown
};
```

接着,初始化顶点缓冲对象(VBOs),它们是顶点数据(如顶点位置和法向量)集合的指针。

```
static GLuint floorVertBO, floorNormBO, cubeNormBO, cubeNormBO;
static void initVBOs(void) {
    glGenBuffers(1, &floorVertBO);
    glBindBuffer(GL_ARRAY_BUFFER, floorVertBO);
    glBufferData(
        GL_ARRAY_BUFFER,
        18 * sizeof(GLfloat),
        floorVerts,
        GL_STATIC_DRAW);

    glGenBuffers(1, &floorNormBO);
    glBindBuffer(GL_ARRAY_BUFFER, floorNormBO);
    glBufferData(
        GL_ARRAY_BUFFER,
        18 * sizeof(GLfloat),
        floorNorms,
        GL_STATIC_DRAW);
```

```
glGenBuffers(1,&cubeVertBO);
glBindBuffer(GL_ARRAY_BUFFER,cubeVertBO);
glBufferData(
  GL_ARRAY_BUFFER,
  36 * 3 * sizeof(GLfloat),
  cubeVerts,
  GL_STATIC_DRAW);

glGenBuffers(1,&cubeNormBO);
glBindBuffer(GL_ARRAY_BUFFER,cubeNormBO);
glBufferData(
  GL_ARRAY_BUFFER,
  36 * 3 * sizeof(GLfloat),
  cubeNorms,
  GL_STATIC_DRAW);

}
```

用位置和法向量 VBOs 绘制一个物体。

```
void drawObj(GLuint vertbo,GLuint normbo,int numverts){

  glBindBuffer(GL_ARRAY_BUFFER,vertbo);
  safe_glVertexAttribPointer(h_aVertex);
  safe_glEnableVertexAttribArray(h_aVertex);

  glBindBuffer(GL_ARRAY_BUFFER,normbo);
  safe_glVertexAttribPointer(h_aNormal);
  safe_glEnableVertexAttribArray(h_aNormal);

  glDrawArrays(GL_TRIANGLES,0,numverts);

  safe_glDisableVertexAttribArray(h_aVertex);
  safe_glDisableVertexAttribArray(h_aNormal);
}
```

查看 display 函数。

```
static void display(){
    safe_glUseProgram(h_program_);
    glClear(GL_COLOR_BUFFER_BIT | GL_DEPTH_BUFFER_BIT);
```

```
Matrix4 projmat = makeProjection(frust_fovy, frust_ar, frust_near, frust_
    far);
sendProjectionMatrix(projmat);

Matrix4 MVM = inv(eyeRbt);
Matrix4 NMVM = normalMatrix(MVM);
sendModelViewNormalMatrix(MVM, NMVM);

safe_glVertexAttrib3f(h_aColor, 0.6, 0.8, 0.6);
drawObj(floorVertBO, floorNormBO, 6);

MVM = inv(eyeRbt) * objRbt;
NMVM = normalMatrix(MVM);
sendModelViewNormalMatrix(MVM, NMVM);

safe_glVertexAttrib3f(h_aColor, 0.0, 0.0, 1.0);
drawObj(cubeVertBO, cubeNormBO, 36);

glutSwapBuffers();
if(glGetError()! = GL_NO_ERROR){
const GLubyte * errString;
errString = gluErrorString(errCode);
printf("error: % s\n", errString);
  }
}
```

makeProjection 返回一个特殊矩阵,它可以表示"虚拟相机"的内部结构,相机包含以下参数:视角、窗口长宽比以及所谓的远近平面的 z 值。sendProjectionMatrix 将此"相机矩阵"发送到顶点着色器,并存储在名为 uProjMatrix 的变量中。第 10 章将详细介绍该矩阵。目前可在本书的网站中查阅代码。

在程序中,存储在 VBO 中的顶点坐标是顶点在对象坐标系下的坐标。由于最终渲染还需要眼坐标,所以也将矩阵 $E^{-1}O$ 发送至 API,通常称该矩阵为**模型视图矩阵**(**modelview matrix,MVM**)(绘制平面时,$O = I$)。顶点着色器(如下所述)将获取顶点数据并执行乘法 $E^{-1}Oc$,从而产生用于渲染的眼坐标。类似地,法向量的所有坐标都需要乘以相应的**法向量矩阵**(**normal matrix**),从而将对象坐标转换为眼坐标。

程序 sendModelViewNormalMatrix(MVM,NMVM)将 MVM 和法向量矩阵发送至顶点着色器,并存储在变量 uModelViewMatrix 和 uNormalMatrix 中。

补充说明:在计算机图形学中,三角形顶点上用于着色的法向量,并不一定是平面三角形中真正的几何法向量。例如,当使用三角形网格近似绘制球体形状时,可为三角形的每个顶点设置不同的法向量,来更好地对应球体的形状(见图 6.1),结果会产生更平滑且更少细分的外观。如果需要面片看起来平直,如立方体的面片,然后将每个三角形的实际几何法向量传递给 OpenGL。

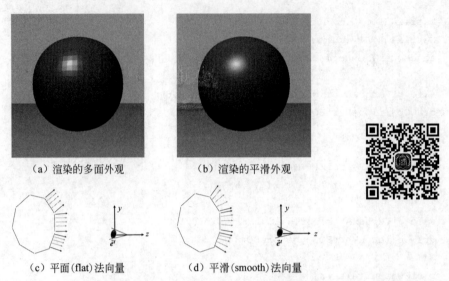

(a) 渲染的多面外观   (b) 渲染的平滑外观

(c) 平面(flat)法向量   (d) 平滑(smooth)法向量

图 6.1   在计算机图形学中,允许自由指定顶点处的法向量。这些法向量(类似于所有的属性变量)将内插到三角形内的所有点。在片元着色器中,使用这些插值后的法向量模拟光照并确定颜色。使用三角形的真实法向量时,通过渲染可以得到物体的多面外观。如果指定法向量以近似某基本的平滑形状,则可得到物体的平滑外观

调用 safe_glVertexAttrib3f 将 3 个浮点数传递给指针 h_aColor,该指针"指向"顶点着色器中的变量。由于初始化着色器的方式,此指针"指向"顶点着色器中的属性变量 aColor。任何属性变量的设置都将持续有效,直到被另一个安全的调用 safe_glVertexAttrib3f 所改变。因此,在变化之前,该属性都将被绑定至每个后续顶点,可用顶点着色器任意解释传送至 aColor 的数据,在该例中将其理解为顶点的"rgb-颜色"坐标。

6.3   顶点着色器

顶点着色器可以获取每个顶点位置的对象坐标,并将其转化到眼坐标,可参看 5.1 节。它同样可以转化顶点的法向量坐标。

顶点着色器的完整代码如下:

```
#version 330
```

```
uniform Matrix4 uModelViewMatrix;
uniform Matrix4 uNormalMatrix;
uniform Matrix4 uProjMatrix;

in vec3 aColor;
in vec4 aNormal;
in vec4 aVertex;

out vec3 vColor;
out vec3 vNormal;
out vec4 vPosition;

void main()
{
    vColor = aColor;
    vPosition = uModelViewMatrix * aVertex;
    vec4 normal = vec4(aNormal.x, aNormal.y, aNormal.z, 0.0);
    vNormal = vec3(uNormalMatrix * normal);
    gl_Position = uProjMatrix * vPosition;
}
```

该着色器理解起来相当容易,它将颜色变量 aColor 传递至输出变量 vColor,并保持不变。用矩阵与向量的乘积将对象坐标变换为眼坐标,并传送至输出。

同样,应用矩阵与向量的乘积将法向量的对象坐标变换为眼坐标,并传送至输出。

最终,使用特殊(且尚未完全解释)的相机投影矩阵获取新坐标,称为顶点的**裁剪坐标**(**clip coordinates**),并将其传递至输出变量 gl_Position。不同于附录 A 中的简短代码,此处的 gl_Position 为一个 4D 向量。第 10～12 章将进一步讨论裁剪坐标确定点的屏幕位置的方法。

6.4　后　　续

OpenGL 处理顶点着色器输出的细节将在第 12～13 章详细介绍。为充分理解以下内容,几乎每一段都可以独立成章详细阐述,但目前仅初步了解其主要内容。

渲染器使用裁剪坐标确定顶点的屏幕位置,从而确定绘制三角形的位置。一旦 OpenGL 获得三角形三个顶点的裁剪坐标,它将计算屏幕上位于三角形内部的像素,即计算其与三个顶点间的“距离”,从而确定三个顶点的可变变量的混合或**插值**(**interpolate**)方式。

然后,用户编写的片元着色器将单独处理每个像素的插值变量,最简单的片元着色器示例如下：

```
in vec3 vColor;
out fragColor;
void main()
{
    fragColor =vec4(vColor.x,vColor.y,vColor.z,1.0);
}
```

该过程仅需读取像素的插值颜色数据，并将其传送至输出变量 fragColor，然后以像素颜色显示至屏幕（将第四个参数值 1.0 称为 alpha 或不透明度值，暂不详述）。裁剪坐标系还可用于计算三角形与屏幕的距离，启用 z 缓冲时，可确定每个像素处最接近屏幕的三角形，并进行绘制。因为该过程逐像素进行，甚至可正确绘制互穿三角形的复杂排列。

注意，使用上述的片元着色器时，并没有用到可变变量 vPosition 和 vNormal，而且也未在顶点着色器中将其传送输出。如下着色器使用的数据则显得更加真实和复杂。

```
#version 330

uniform vec3 uLight;
in vec3 vColor;
in vec3 vNormal;
in vec4 vPosition;

out fragColor;

void main()
{
    vec3 toLight =normalize(uLight -vec3(vPosition));
    vec3 normal =normalize(vNormal);
    float diffuse =max(0.0,dot(normal,toLight));
    vec3 intensity =vColor * diffuse;
    fragColor =vec4(intensity.x,intensity.y,intensity.z,1.0);
}
```

此处假设 uLight 是点光源的眼坐标，适当调用 safe_glVertexUniform3f 后，将这些数据从主程序传至着色器。vNormal 和 vPosition 中的数据（与 vColor 中的数据类似），由顶点数据插值得到。鉴于插值的方式，vPosition 中的数据准确表示了该像素处看到的三角形内一点的眼坐标。剩余代码完成了各种向量和点积的简单计算。我们的目标是模拟漫反射或哑光（与反光相反）材料的反射率，第 14 章将重新介绍该计算的细节。

6.5　利用矩阵放置和移动

回到最初的代码,剩下的工作仅为初始化变量 eyeRbt 和 objRbt,并理解其更新方法。在这种简单情况下,可以从如下的代码开始。

```
Matrix4 eyeRbt =makeTranslation(Vector3(0.0,0.0,4.0));
Matrix4 objRbt =makeTranslation(Vector3(-1,0,-1)) *
                makeXRotation(22.0);
```

在此例中,所有坐标系都先与世界坐标系对齐。眼坐标系沿世界坐标系的 z 轴平移 $+4$ 个单位。回想一下,根据定义可知"相机"朝向眼睛 z 轴的负方向,则眼睛正看向世界坐标系的原点。在世界坐标系中,对象坐标系稍向"左后"方平移,并绕其 x 轴旋转(见图 5.1)。

接下来开始移动物体,回想一下附录 A 的回调函数 motion,计算单击鼠标时的横向位移 deltax,同理计算其竖向位移。

为 motion 函数添加如下代码,以移动物体:

```
Matrix4 Q =makeXRotation(deltay) * makeYRotation(deltax);
Matrix4 A =makeMixedFrame(objRbt,EyeRbt);
objRbt =doQtoOwrtA(Q,objRbt,A);
```

接着添加如下代码,增强 motion 函数操作鼠标的功能,使得右击鼠标时即可平移物体:

```
Q=makeTranslation(Vector3(deltax,deltay,0) * 0.01)
```

添加如下代码,利用鼠标操作,使得滑动鼠标滚轮时即可平移物体至更近/远处:

```
Q=makeTranslation(Vector3(0,0,-deltay) * 0.01)
```

如需通过辅助坐标系移动眼睛,可用如下代码:

```
eyeRbt =doQroOwrtA(inv(Q),eyeRbt,A).
```

如需进行自身运动,类似于扭头,可用如下代码:

```
eyeRbt =doQroOwrtA(inv(Q),eyeRbt,eyeRbt).
```

在最后两种情况中,对 Q 求逆,使得移动鼠标即可在理想方向上移动物体。

习　题

6.1　本章介绍了 OpenGL 的 Hello 3D World 程序基础。本书网站提供了一些基础的入门代码，包含必要的 Cvec 和 Matrix4 类。读者可自行下载并编译。

6.2　编写代码，实现在式(5.6)的辅助坐标系下的移动蓝色立方体。鼠标操作定义如下：

- 左键：向左/右移动鼠标时，立方体绕 y 轴旋转。
- 左键：向上/下移动鼠标时，立方体绕 x 轴旋转。
- 右键：向左/右移动鼠标时，立方体沿 x 轴平移。
- 右键：向上/下移动鼠标时，立方体沿 y 轴平移。
- 滚轮(或同时按下左右键)：向上/下滑动滚轮时，立方体沿 z 轴平移。

6.3　按下 O 键时，编程实现蓝色和红色立方体间的切换，允许用户控制所有对象。

6.4　按下 O 键时，编程实现蓝色、红色立方体和眼睛间的切换，允许用户控制所有对象和眼睛。对于眼睛运动，在 $\vec{e}^{\,t}$ 中完成所有变换(自身运动)，并对平移和旋转的符号取反。

6.5　用一个细分后的球体，编程实现对每个立方体的替换。为细分球体，使用角坐标 $\theta \in [0..\pi]$ 和 $\varphi \in [0..2\pi]$ 对单位球上的所有点参数化，并定义每个点的对象坐标为：

$$x = \sin\theta\cos\phi$$
$$y = \sin\theta\sin\phi$$
$$z = \cos\theta$$

6.6　用一个简单的机器人，编程实现对每个立方体的替换。每个机器人的肩部、肘部、臀部和膝盖均具有活动关节，用户通过数字键选择相应关节。假设肩部和臀部具有完整的 3D 旋转自由度，肘部包含两个，而膝盖仅有一个。对于具有 1 或 2 个自由度的关节，将其存储为欧拉角，与适当轴(如 x 或 z 轴)的旋转对应。身体主干应绘制为非均匀缩放的立方体或球体。

6.7　编写代码，实现用户按下 P 键后，单击鼠标选中机器人的目标部位，将所选部位的确定过程称为"选择"，然后应允许用户控制鼠标以实现该部位绕其关节的旋转。

按以下步骤完成"选择"：按下 P 键后，单击鼠标将触发以下操作。渲染当前场景，但本次是将每个部位唯一对应的颜色分配至缓冲区，并非常规颜色。由于各部位的颜色唯一，可作为该部位的 ID。绘制这个带有 ID 的场景将使用片元着色器，它不经过光照计算，而直接返回其输入颜色。场景渲染完成之后，调用 glFlush()，然后再调用 glReadPixels 从后备缓冲区读取 ID，以确定鼠标选中的部位。为读取后备缓冲区，在调用 glReadPixels 之前需首先执行 glReadBuffer(GL_BACK)。此外,应在初始化代码中调用 glPixelStorei(GL_UNPACK_ALIGNMENT,1),以便准确访问像素数据。

- 单击机器人主干外的身体部位时,选中该部位。
- 单击机器人主干时,选中该机器人。
- 未在任何机器人上单击时,选中眼睛。

"选择"完成后,按住鼠标,通过后续移动来变换选中的物体或关节。

第 二 篇
旋转和插值

第 7 章

四 元 数

本章将探讨旋转的四元数表示形式,以替代如下旋转矩阵

$$R = \begin{bmatrix} r & 0 \\ 0 & 1 \end{bmatrix}$$

四元数主要用于自然地在方向之间进行插值,尤其是生成空间中运动物体的动画。如果没有为特定应用进行插值旋转,则无须使用该表示形式。

7.1 插 值

假设有一个 time $=0$ 的理想对象坐标系 $\vec{o}_0^t = \vec{w}^t R_0$,以及 time $=1$ 的理想对象坐标系 $\vec{o}_1^t = \vec{w}^t R_1$,其中 R_0 和 R_1 是 4×4 的旋转矩阵。对于 $\alpha \in [0..1]$,希望生成一系列中间坐标系 $\vec{o}_\alpha^t$,使 $\vec{o}_0^t$ 自然地旋转到 $\vec{o}_1^t$。

一种思路是定义 $R_\alpha := (1 - \alpha) R_0 + (\alpha) R_1$,然后令 $\vec{o}_\alpha^t = \vec{w}^t R_\alpha$。其问题在于,对矩阵进行线性插值时,每个向量仅沿直线移动,如图 7.1。在这种情况下,中间结果 R_α 不是旋转矩阵,这显然不符合要求。此外,(特别是在 3D 空间中)即使以某种方法近似该插值矩阵,从而得到一个旋转矩阵,该过程中的畸变也难以消除。

图 7.1 矩阵 R_i 的线性插值仅使每个向量沿直线移动,并非旋转

另一种思路同样不值得深究,它用某种方法将 R_0 和 R_1 分解为 3 个所谓的欧拉角(见 2.5 节),接着使用 α 对三个标量进行线性插值,从而对欧拉角插值生成中间旋转。事实证

明,对欧拉角进行插值时,插值后的旋转序列在物理或几何上的表现都不太自然,例如,它无法对基的更改保持不变(将在 7.1.2 节介绍)。

创建一个过渡矩阵 $R_1 R_0^{-1}$,类似于其他旋转矩阵,该矩阵可视为绕**某个(some)**轴 $[k_x, k_y, k_z]^t$ 旋转 θ 度,如式(2.5)。现假设运算 $(R_1 R_0^{-1})^\alpha$,表示围绕轴 $[k_x, k_y, k_z]^t$ 旋转 $\alpha \cdot \theta$ 度。然后即可定义

$$R_\alpha := (R_1 R_0^{-1})^\alpha R_0 \tag{7.1}$$

并令

$$\vec{o}_\alpha^{\,t} = \vec{w}^t R_\alpha$$

随着 α 逐渐增加,直至目标状态,即可得到一个围绕单个轴不断旋转的坐标系序列。显然,从 $\vec{w}^t (R_1 R_0^{-1})^0 R_0 = wR_0 = o_0$ 开始,最后如预期得到 $\vec{w}^t (R_1 R_0^{-1})^1 R_0 = \vec{w}^t R_1 = o_1$。

此处的难点在于将过渡旋转矩阵(如 $R_1 R_0^{-1}$)分解为轴或者角度的形式。四元数背后的思想是始终明确轴和角度,因此无须这种分解。另一方面,使用四元数可执行旋转矩阵实现的所有必要操作。

7.1.1 周期

需要在此澄清一个细节。实际上,矩阵 $R_1 R_0^{-1}$ 可视为 $\theta + n2\pi$ 度的旋转,n 为整数。当观察这种旋转对向量线性变换的效果时,这些 2π 因子并不相关。但是当定义一个幂运算时,该运算可得"一个围绕单个轴不断旋转,直至目标状态的坐标系序列",需要决定矩阵 $R_1 R_0^{-1}$ 的 n 值。对于插值,选择 n 的原则是使得 $|\theta + n2\pi|$ 最小,即 n 需满足 $\theta + n2\pi \in [-\pi..\pi]$,且这种选择是明确的(除 $\theta = \pi + n2\pi$ 时,需在 $-\pi$ 和 π 中任选一个),7.4 节将介绍 n 的选择。

7.1.2 不变性

式(7.1)中,绕单轴且角速度恒定的运动有很多自然性质。一方面,物体在没有力作用的空间中运动时,其质心的轨迹是直线,并沿固定轴旋转;另一方面,这种方向插值同时满足左不变性和右不变性,接下来对其进行详细解释。

假设有一个替代的世界坐标系 $\vec{w}^t$,使得 $\vec{w}^t = \vec{w}^t R_l$,其中 R_l 是某个固定的"左"旋转矩阵。使用该坐标系,可将原始的插值问题重新表达为 $o_0 := \vec{w}^t R_l R_0$ 与 $o_1 := \vec{w}^t R_l R_1$ 之间的一种插值。如果该重新表达不改变插值结果(即如果存在一个 R_α,使原始插值满足 $o_\alpha := \vec{w}^t R_\alpha$,新的插值则可表示为 $\vec{w}^t R_l R_\alpha$,从而得到完全相同的 $\vec{o}_\alpha^{\,t}$),则插值满足左不变性(见图 7.2)。换句话说,如果一个插值方案仅依赖坐标系的几何形状 o_0 和 o_1,并非世界坐标系的选择以及所得的 R_0 和 R_1,则它满足左不变性。左不变性是一种非常自然的性质;在极少数情况下,插值依赖世界坐标系的选择是有意义的。

我们可以看到,式(7.1)的插值方案满足左不变性。从一个坐标系 $\vec{o}_0^{\,t}$ 映射到另一坐标系 $\vec{o}_1^{\,t}$ 的"过渡"仿射变换始终唯一。在这种情况下,因为坐标系都是右手正交的,且共

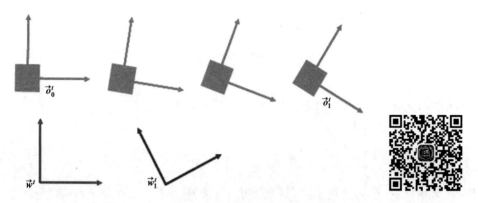

图 7.2 以 $\vec{w}'$ 替换 $\vec{w}'$ 时，如果插值没有改变，则该插值满足左不变性（此处只处理旋转，添加平移仅为视觉上更清晰）

享同一原点，因此该变换一定是旋转。同时，上述定义在旋转上的乘法运算（即保持轴不变，但缩放角度）是内部几何运算，并且可以不参考任何坐标系进行表示。因此，该插值方案不依赖于世界坐标系的选择且满足左不变性。

另一方面，右不变性意味着即使改变了目前的对象坐标系，对象的插值也会发生变化。特别是，假设固定一个"右"旋转矩阵 R_r 不变，并用来定义 time=0 和 time=1 的新对象坐标系：$\vec{o}_0' := \vec{o}_0' R_r$ 和 $\vec{o}_1' := \vec{o}_1' R_r$。为了不改变对象自身的姿态，使用 $c' = R_r^{-1}c$ 适当地重新分配其所有顶点的对象坐标。如果对象基的这种变化对其插值没有影响，则该插值方案满足右不变性。换句话说，如果存在某个 R_α，使得原始插值满足 $o_\alpha := \vec{w}'R_\alpha$，那么新的插值满足 $\vec{w}'R_\alpha R_r$，因此该对象的插值（使用新对象坐标 c' 后）没有改变（见图 7.3）。右不变性是一种非常自然的性质。在旋转的基础上同时考虑平移时，可能希望插值依赖于对象坐标系原点的选择，将在 7.6 节介绍。

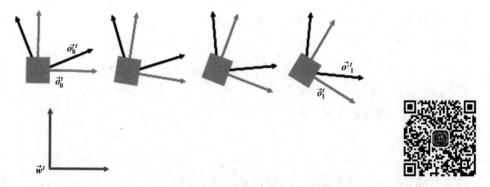

图 7.3 在新的对象坐标系（蓝色（黑白图中为黑色））下，绘制 time=0 和 time=1 时的相同正方形。若插值满足右不变性，将得到相同的正方形动画

显然，式(7.1)的插值方案满足右不变性。

$$((\boldsymbol{R}_1 \boldsymbol{R}_r)(\boldsymbol{R}_1^{-1} \boldsymbol{R}_0^{-1}))^\alpha \boldsymbol{R}_0 \boldsymbol{R}_r = (\boldsymbol{R}_1 \boldsymbol{R}_0^{-1})^\alpha \boldsymbol{R}_0 \boldsymbol{R}_r = \boldsymbol{R}_\alpha \boldsymbol{R}_r$$

7.2 表示形式

四元数(**quaternion**)仅为四个实数的组合,下节会定义其相关运算。

将一个四元数表示为

$$\begin{bmatrix} w \\ \hat{\boldsymbol{c}} \end{bmatrix}$$

其中,w 是标量,$\hat{\boldsymbol{c}}$ 是 3D 坐标向量。为与 4D 坐标向量区分,在 $\hat{\boldsymbol{c}}$ 中添加了 ^(hat)符号。

用四元数表示绕单位长度轴 $\hat{\boldsymbol{k}}$ 旋转 θ 度

$$\begin{bmatrix} \cos\left(\dfrac{\theta}{2}\right) \\ \sin\left(\dfrac{\theta}{2}\right)\hat{\boldsymbol{k}} \end{bmatrix}$$

其中,$\dfrac{\theta}{2}$ 看似突兀,但构成了四元数的合理运算,将在 7.3~7.4 节介绍。请注意,围绕轴 $-\hat{\boldsymbol{k}}$ 旋转 $-\theta$ 度和 $\theta+4\pi$ 度都可得相同的四元数。到目前为止进展顺利,奇怪的是,围绕轴 $\hat{\boldsymbol{k}}$ 旋转 $\theta+2\pi$ 度实际上是相同的旋转,却会得到四元数的相反数

$$\begin{bmatrix} -\cos\left(\dfrac{\theta}{2}\right) \\ -\sin\left(\dfrac{\theta}{2}\right)\hat{\boldsymbol{k}} \end{bmatrix}$$

这种奇怪的特性会使之后定义幂运算变得复杂。

四元数表示单位旋转矩阵如下

$$\begin{bmatrix} 1 \\ \hat{\boldsymbol{0}} \end{bmatrix}, \begin{bmatrix} -1 \\ \hat{\boldsymbol{0}} \end{bmatrix},$$

四元数表示围绕 $\hat{\boldsymbol{k}}$ 轴旋转 180° 如下

$$\begin{bmatrix} 0 \\ \hat{\boldsymbol{k}} \end{bmatrix}, \begin{bmatrix} 0 \\ -\hat{\boldsymbol{k}} \end{bmatrix},$$

任意形同如下的四元数的范数(对四项平方和开根)为 1。相反,任何这样的**单位**(**unit**)四元数(连同其相反数)可表示唯一的旋转矩阵。

$$\begin{bmatrix} \cos\left(\dfrac{\theta}{2}\right) \\ \sin\left(\dfrac{\theta}{2}\right)\hat{k} \end{bmatrix}$$

7.3 运 算

定义四元数(不一定为单位四元数)与标量的乘法如下

$$\alpha\begin{bmatrix} w \\ \hat{c} \end{bmatrix}=\begin{bmatrix} \alpha w \\ \alpha\hat{c} \end{bmatrix}$$

定义两个四元数(不一定为单位四元数)的乘法如下

$$\begin{bmatrix} w_1 \\ \hat{c}_1 \end{bmatrix}\begin{bmatrix} w_2 \\ \hat{c}_2 \end{bmatrix}=\begin{bmatrix} w_1\,w_2-\hat{c}_1\cdot\hat{c}_2 \\ w_1\,\hat{c}_2+w_2\,\hat{c}_1+\hat{c}_1\times\hat{c}_2 \end{bmatrix} \tag{7.2}$$

其中,·和×分别是 3D 坐标向量的数乘和叉乘。该乘法具有以下实用性:如果 $[w_i,\hat{c}_i]^t$ 表示旋转矩阵 $\boldsymbol{R}_i$,则乘积 $[w_1,\hat{c}_1]^t[w_2,\hat{c}_2]^t$ 表示旋转矩阵 $\boldsymbol{R}_1\boldsymbol{R}_2$。可通过一系列不是特别直观的计算验证。

单位四元数的逆是

$$\begin{bmatrix} \cos\left(\dfrac{\theta}{2}\right) \\ \sin\left(\dfrac{\theta}{2}\right)\hat{k} \end{bmatrix}^{-1}=\begin{bmatrix} \cos\left(\dfrac{\theta}{2}\right) \\ -\sin\left(\dfrac{\theta}{2}\right)\hat{k} \end{bmatrix}$$

该四元数表示仅绕同一轴旋转 $-\theta$ 度(此处也可定义非单位四元数的逆,但此处并不需要)。

重要的是,我们可用四元数乘法完成坐标向量的旋转。令 4D 坐标向量 $c=[\hat{c},1]^t$,左乘一个 4×4 的旋转矩阵 $\boldsymbol{R}$,得到

$$c'=\boldsymbol{R}c$$

其中,得到的 4D 坐标向量形如 $c'=[\hat{c}',1]^t$。要使用四元数实现此运算,需将 $\boldsymbol{R}$ 表示为如下单位四元数

$$\begin{bmatrix} \cos\left(\dfrac{\theta}{2}\right) \\ \sin\left(\dfrac{\theta}{2}\right)\hat{k} \end{bmatrix}$$

取 3D 坐标向量 $\hat{c}$,并用来创建非单位四元数

$$\begin{bmatrix} 0 \\ \hat{\boldsymbol{c}} \end{bmatrix}$$

接着,三个四元数的乘法如下:

$$\begin{bmatrix} \cos\left(\dfrac{\theta}{2}\right) \\ \sin\left(\dfrac{\theta}{2}\right)\hat{\boldsymbol{k}} \end{bmatrix} \begin{bmatrix} 0 \\ \hat{\boldsymbol{c}} \end{bmatrix} \begin{bmatrix} \cos\left(\dfrac{\theta}{2}\right) \\ \sin\left(\dfrac{\theta}{2}\right)\hat{\boldsymbol{k}} \end{bmatrix}^{-1} \tag{7.3}$$

它们相乘的结果即可表示为如下四元数,该过程同样可由一系列不太直观的计算验证

$$\begin{bmatrix} 0 \\ \hat{\boldsymbol{c}}' \end{bmatrix}$$

其中,$\hat{\boldsymbol{c}}'$是预期结果的 3D 坐标向量。

因此,四元数一方面明确地对旋转轴和角度编码,另一方面如实现旋转一样,可以轻松地进行运算。

7.4　幂

给定一个表示旋转的单位四元数,可将其增大至 α 次幂,如下所示。首先通过归一化四元数的后三项分离单位轴 $\hat{\boldsymbol{k}}$,然后使用函数 atan2 分离 θ。该方法可得出唯一的 $\dfrac{\theta}{2} \in [-\pi..\pi]$,即唯一的 $\theta \in [-2\pi..2\pi]$,从而定义

$$\begin{bmatrix} \cos\left(\dfrac{\theta}{2}\right) \\ \sin\left(\dfrac{\theta}{2}\right)\hat{\boldsymbol{k}} \end{bmatrix}^{\alpha} = \begin{bmatrix} \cos\left(\dfrac{\alpha\theta}{2}\right) \\ \sin\left(\dfrac{\alpha\theta}{2}\right)\hat{\boldsymbol{k}} \end{bmatrix}$$

当 α 从 0 到 1 变化时,即可获得 $0\sim\theta$ 度的一系列旋转。

如果 $\cos\left(\dfrac{\theta}{2}\right)>0$,则 $\dfrac{\theta}{2} \in \left[-\dfrac{\pi}{2}..\dfrac{\pi}{2}\right]$,即 $\theta \in [-\pi..\pi]$。在这种情况下,用 $\alpha \in [0..1]$ 在两个方向间插值时将沿"更短路径"进行插值。相反,如果 $\cos\left(\dfrac{\theta}{2}\right)<0$,则 $|\theta| \in [\pi..2\pi]$,插值将沿"更长路径"(大于 180°)。一般而言,选择两者中较短的路径方向更为自然,因此当四元数的第一个坐标为负时,往往会在幂运算之前对该四元数取相反数。

7.4.1　球面线性插值和线性插值

综合运用以上内容,如果希望在世界坐标系下,通过旋转矩阵 $\boldsymbol{R}_0$ 和 $\boldsymbol{R}_1$ 在两个坐标

系间插值,且这两个矩阵可分别用如下四元数表示:

$$
\begin{bmatrix} \cos\left(\dfrac{\theta_0}{2}\right) \\[2ex] \sin\left(\dfrac{\theta_0}{2}\right)\hat{\boldsymbol{k}}_0 \end{bmatrix},\ \begin{bmatrix} \cos\left(\dfrac{\theta_1}{2}\right) \\[2ex] \sin\left(\dfrac{\theta_1}{2}\right)\hat{\boldsymbol{k}}_1 \end{bmatrix}
$$

则仅需完成如下四元数运算:

$$
\left(\begin{bmatrix} \cos\left(\dfrac{\theta_1}{2}\right) \\[2ex] \sin\left(\dfrac{\theta_1}{2}\right)\hat{\boldsymbol{k}}_1 \end{bmatrix} \begin{bmatrix} \cos\left(\dfrac{\theta_0}{2}\right) \\[2ex] \sin\left(\dfrac{\theta_0}{2}\right)\hat{\boldsymbol{k}}_0 \end{bmatrix}^{-1} \right)^{\alpha} \begin{bmatrix} \cos\left(\dfrac{\theta_0}{2}\right) \\[2ex] \sin\left(\dfrac{\theta_0}{2}\right)\hat{\boldsymbol{k}}_0 \end{bmatrix} \tag{7.4}
$$

通常将该过程称为**球面线性插值**(**spherical linear interpolation**,简称为 **slerping**),原因如下:单位四元数仅表示平方和为 1 的 4 个实数的组合,因此可在几何上将其视为 $\mathbb{R}^4$ 中一个单位球面上的点。可以证明,如果从两个单位四元数开始,并使用式(7.4)对其插值,那么在 $\mathbb{R}^4$ 中得到的路径实际上恰好对应于一个大弧,该弧连接单位球面上的这两点。此外,插值沿该路径进行,其弧长与 α 成比例。

在任意 n 维中,可用三角函数表示任两个单位向量 $\boldsymbol{v}_0$ 和 $\boldsymbol{v}_1$ 间的球面线性插值

$$
\frac{\sin((1-\alpha)\Omega)}{\sin(\Omega)}\boldsymbol{v}_0 + \frac{\sin(\alpha\Omega)}{\sin(\Omega)}\boldsymbol{v}_1 \tag{7.5}
$$

其中,Ω 是 $\mathbb{R}^n$ 中向量间的夹角。因此,用该方法表示 $\mathbb{R}^4$ 中的两个单位四元数,可将式(7.4)替换为如下插值式

$$
\frac{\sin((1-\alpha)\Omega)}{\sin(\Omega)}\begin{bmatrix} \cos\left(\dfrac{\theta_0}{2}\right) \\[2ex] \sin\left(\dfrac{\theta_0}{2}\right)\hat{\boldsymbol{k}}_0 \end{bmatrix} + \frac{\sin(\alpha\Omega)}{\sin(\Omega)}\begin{bmatrix} \cos\left(\dfrac{\theta_1}{2}\right) \\[2ex] \sin\left(\dfrac{\theta_1}{2}\right)\hat{\boldsymbol{k}}_1 \end{bmatrix} \tag{7.6}
$$

其中,Ω 是 $\mathbb{R}^4$ 中起始与终止四元数的夹角。7.4.2 节简要证明了式(7.4)和式(7.6)的等价性。注意,与式(7.4)相同,为选择小于 180° 的"较短插值",如果四元数间的 4D 点乘为负,则须对两个四元数中的(任意)一个取相反数。

就此而言,可在 $\mathbb{R}^4$ 中用更简单的线性插值近似式(7.4),也就是式(7.6),即仅计算

$$
(1-\alpha)\begin{bmatrix} \cos\left(\dfrac{\theta_0}{2}\right) \\[2ex] \sin\left(\dfrac{\theta_0}{2}\right)\hat{\boldsymbol{k}}_0 \end{bmatrix} + (\alpha)\begin{bmatrix} \cos\left(\dfrac{\theta_1}{2}\right) \\[2ex] \sin\left(\dfrac{\theta_1}{2}\right)\hat{\boldsymbol{k}}_1 \end{bmatrix}
$$

由于此插值不再是单位四元数,因此须归一化结果,但这容易实现。重点是,尽管其旋转角不再随 α 均匀变化,但此**线性插值**(**lerping**)可得到与更复杂的球面线性插值相同的四元数路径(围绕单个固定轴旋转)(见图 7.4)。

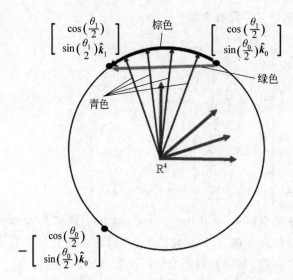

图 7.4 将旋转插值理解为,在 $\mathbb{R}^4$ 中单位球面上的大弧(棕色)上采用恒定速度的路径,该弧连接两个四元数。可近似为,在单位球体内采用恒定速度的线性路径(绿色),然后进行归一化(青色)。归一化后的线性插值在 $\mathbb{R}^4$ 的单位球面上沿相同路径,但在大弧上的速度不恒定。注意,为选择"较短"旋转,若可在球面上构成较短路径,须对两个四元数之一取相反数

线性插值运算同时满足左不变性和右不变性。例如,左不变性表示为

$$(1-\alpha)\begin{bmatrix}w_l\\\hat{c}_l\end{bmatrix}\begin{bmatrix}w_0\\\hat{c}_0\end{bmatrix}+(\alpha)\begin{bmatrix}w_l\\\hat{c}_l\end{bmatrix}\begin{bmatrix}w_1\\\hat{c}_1\end{bmatrix}=\begin{bmatrix}w_l\\\hat{c}_l\end{bmatrix}\left((1-\alpha)\begin{bmatrix}w_0\\\hat{c}_0\end{bmatrix}+(\alpha)\begin{bmatrix}w_1\\\hat{c}_1\end{bmatrix}\right)$$

随着数乘在四元数乘法间交换,四元数乘积在总和上分配。类似地,观察形式可得出,式(7.6)同样满足左、右不变性。难点仅为计算证明角度 Ω 同时满足左、右不变性。

线性插值比球面线性插值效率更高。更重要的是,它很容易推广到混合 n 种不同旋转的情况。可以简单地混合 $\mathbb{R}^4$ 中的四元数,然后归一化结果。当构造旋转样条(参见 9.3 节)以及执行动画蒙皮(参见 23.1.2 节)时,n 向混合十分实用。同样存在一些方法(参见参考文献[10]),其本质为球体的 n 向混合,尽管无法在常数时间内完成。

7.4.2　幂插值和球面线性插值的等价性证明(选读)

通过以下步骤证明幂插值和球面线性插值的等价性。

(1) 如上所述,式(7.6)满足左不变性。早在式(7.4)中就确定了左不变性。因为这两种插值方案都满足左不变性,所以在不失普遍适用性时,仅考虑 $\mathbf{R}_0$ 是单位矩阵的情况。

(2) 假设 $\mathbf{R}_0$ 是单位矩阵,式(7.4)经过幂插值得到 $(\mathbf{R}_1)^\alpha$,即

$$
\begin{bmatrix}
\cos\left(\dfrac{\alpha\,\theta_1}{2}\right) \\[2mm]
\sin\left(\dfrac{\alpha\theta_1}{2}\right)\hat{\boldsymbol{k}}_1
\end{bmatrix}
\tag{7.7}
$$

（3）由于 $\boldsymbol{R}_0$ 是单位矩阵，初始四元数为 $[1,\hat{\boldsymbol{0}}]^t$。将它代入式(7.6)，可证明其结果与式(7.7)一致。

（4）三角函数可在几何上表示式(7.6)沿球面的插值。

7.5　四元数编程

四元数类的编程非常容易实现。

首先定义 Quat 为实数四元组，然后定义乘法 $(q1*q2)$，如式(7.2)。给定一个单位范数四元数 Quat$q$，定义 inv(q)。给定一个 Quat$q$ 和一个 Cvec4c，定义 $(q\times c)$，即表示对坐标向量 c 旋转，如式(7.3)，并返回坐标向量 c'。

与矩阵类似，编程实现函数 MakeRotation。

给定单位四元数 q 和实数 alpha，定义幂运算 pow(q,alpha)。给定两个四元数 $q0$ 和 $q1$，定义四元数插值 slerp$(q0,q1,\text{alpha})$。值得注意的是，在实现球面线性插值时，为在"较短路径"上插值，如果四元数$(q1*\text{inv}(q0))$的第一项为负，则需在调用 pow 之前对其取相反数。

7.6　结合平移

四元数表示旋转的方法目前已作讨论，但其中忽略了平移。下面将介绍使用四元数与平移向量共同表示刚体变换的方法。

组合平移和旋转可表示刚体变换，又称为 RBT。

$$
\boldsymbol{A}=\boldsymbol{TR}
$$

$$
\begin{bmatrix} r & t \\ 0 & 1 \end{bmatrix}=\begin{bmatrix} i & t \\ 0 & 1 \end{bmatrix}\begin{bmatrix} r & 0 \\ 0 & 1 \end{bmatrix}
$$

因此，可将其表示为一个对象

```
class RigTform {
  Cvec4 t;
  Quat r;
};
```

注意，t 表示平移向量，因此其第四项为 0。

7.6.1 RBT 插值

给定两个 RBT，$O_0 = (O_0)_T(O_0)_R$ 和 $O_1 = (O_1)_T(O_1)_R$，可通过以下方式进行插值：首先对两个平移向量进行线性插值以获得平移 T_α，然后在旋转四元数间进行球面线性插值以获得旋转 R_α，并最终将插值的 O_α 设为 $T_\alpha R_\alpha$。如果 $\vec{o}_0^t = \vec{w}^t O_0$ 且 $\vec{o}_1^t = \vec{w}^t O_1$，则有 $\vec{o}_\alpha^t = \vec{w}^t O_\alpha$。在该插值下，$\vec{o}^t$ 的原点以恒定的速度沿直线移动，$\vec{o}^t$ 的向量基以恒定的角速度绕固定轴旋转。如前所述，这相当自然，因为物体在没有力作用的情况下，其质心沿直线飞过空间，且其方向沿固定轴旋转。另外，可在任意坐标系下表示 $\vec{o}_0^t$ 和 $\vec{o}_1^t$ 间唯一的几何插值。因此，它不依赖于世界坐标系的选择，且一定满足左不变性。

注意，此 RBT 插值不满足右不变性。如果更改对象坐标系并使用该方法进行插值时，新（new）原点将沿直线运动，旧的原点则描出弯曲的路径（见图 7.5）。因此，当插值对象存在有意义的"中心"标识符时，这种插值策略最有效。否则，不容易找到最自然的解决方案（参见参考文献[35]）。

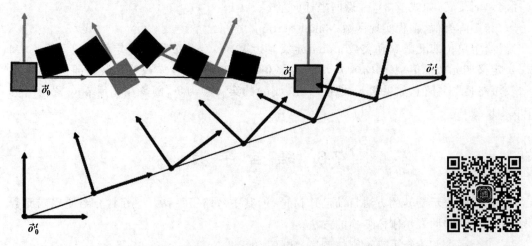

图 7.5 变更对象坐标系（从绿色（黑白图中为灰色）到蓝色（黑白图中为黑色）），在 time＝0 和 time＝1 处使用新坐标绘制同一正方形。**RBT** 插值不满足右不变性。对于中间值 α，蓝色正方形偏离了绿色正方形（即两者不同）

7.6.2 RBT 编程

回到 6.2 节的绘图代码，现可用数据类型 RigTform（而非 Matrix4）表示两个 RBT：eyeRBT 和 objRBT。

为创建实用的刚体变换，需以下操作

```
RigTForm identity();
```

```
RigTForm makeXRotation(const double ang);
RigTForm makeYRotation(const double ang);
RigTForm makeZRotation(const double ang);
RigTForm makeTranslation(const double tx,const double ty,const double tz);
```

同时,需编程实现 RigTForm A 和 Cvec4 c 的乘积,并返回 $A.r \times c + A.t$。

接着,需编程实现两个 RigTForm 的乘积。为了便于理解,观察如下两个刚体变换的乘积:

$$\begin{bmatrix} i & t_1 \\ 0 & 1 \end{bmatrix}\begin{bmatrix} r_1 & 0 \\ 0 & 1 \end{bmatrix}\begin{bmatrix} i & t_2 \\ 0 & 1 \end{bmatrix}\begin{bmatrix} r_2 & 0 \\ 0 & 1 \end{bmatrix} = \begin{bmatrix} i & t_1 \\ 0 & 1 \end{bmatrix}\begin{bmatrix} r_1 & r_1 t_2 \\ 0 & 1 \end{bmatrix}\begin{bmatrix} r_2 & 0 \\ 0 & 1 \end{bmatrix}$$

$$= \begin{bmatrix} i & t_1 \\ 0 & 1 \end{bmatrix}\begin{bmatrix} i & r_1 t_2 \\ 0 & 1 \end{bmatrix}\begin{bmatrix} r_1 & 0 \\ 0 & 1 \end{bmatrix}\begin{bmatrix} r_2 & 0 \\ 0 & 1 \end{bmatrix}$$

$$= \begin{bmatrix} i & t_1 + r_1 t_2 \\ 0 & 1 \end{bmatrix}\begin{bmatrix} r_1 r_2 & 0 \\ 0 & 1 \end{bmatrix}$$

由此可得出一个新的刚体变换,包含平移 $t_1 + r_1 t_2$ 和旋转 $r_1 r_2$。

接着,需编程实现此数据类型的逆运算。观察一个刚体变换的逆

$$\left(\begin{bmatrix} i & t \\ 0 & 1 \end{bmatrix}\begin{bmatrix} r & 0 \\ 0 & 1 \end{bmatrix}\right)^{-1} = \begin{bmatrix} r & 0 \\ 0 & 1 \end{bmatrix}^{-1}\begin{bmatrix} i & t \\ 0 & 1 \end{bmatrix}^{-1} = \begin{bmatrix} r^{-1} & 0 \\ 0 & 1 \end{bmatrix}\begin{bmatrix} i & -t \\ 0 & 1 \end{bmatrix}$$

$$= \begin{bmatrix} r^{-1} & -r^{-1}t \\ 0 & 1 \end{bmatrix} = \begin{bmatrix} i & -r^{-1}t \\ 0 & 1 \end{bmatrix}\begin{bmatrix} r^{-1} & 0 \\ 0 & 1 \end{bmatrix}$$

因此,得出一个新的刚体变换,包含平移 $-r^{-1}t$ 和旋转 r^{-1}。

综合这些基础知识,现在可以使用新的数据类型为该函数重新编写代码: doQtoOwrtA(RigTFormQ,RigTform0,RigTFormA)。

最后,为通过 4×4 矩阵与顶点着色器进行传递,创建函数 Matrix4 makeRotation (quat q)实现式(2.5)。然后,刚体变换矩阵即可计算为

```
matrix4 makeTRmatrix(const RigTform&rbt){
  matrix4 T =makeTranslation(rbt.t);
  matrix4 R =makeRotation(rbt.r);
  return T * R;
}
```

因此,由如下代码开始绘制:

```
Matrix4 MVM =makeTRmatrix(inv(eyeRbt) * objRbt);
\\ can right multiply scales here
Matrix4 NMVM =normalMatrix(MVM);
sendModelViewNormalMatrix(MVM,NMVM);
```

注意,该计算的构建方法无须将 Matrix4 类转换为 Quat 类。

除了将数据类型 Matrix4 类转换为 RigTForm 类，其余代码（涉及各种刚体变换坐标系）无须改变。在这个新的实现方法中，缩放变换仍用 Matrix4 表示。

习　题

7.1　本书网站提供了实现 Quat 类的大部分代码。用该代码创建一个刚体变换类。在习题 6.6 的 OpenGL 代码中，使用该类（而非 Matrix4 类）表示刚体变换。

7.2　实现 Quat 类的幂运算，并在两个方向对一个立方体线性插值以进行测试。

第8章

轨迹球和弧球

在一个计算机图形学的交互程序中，经常监听鼠标动作以控制对象的运动。平移操作十分直观，在 6.5 节中，单击鼠标时，将鼠标的左/右移动转化为 x 的平移，上/下移动转化为 y 的平移（均在眼坐标系下）。右击鼠标时，将上/下移动转化为 z 的平移。

旋转不太明显；有很多将鼠标移动与旋转关联的方法，且每种的用户体验略有不同。6.5 节介绍了一种简单的交互，将鼠标位移转化为围绕 x 轴和 y 轴旋转的某种特定序列。本章将介绍两种更复杂的交互：弧球和轨迹球。轨迹球交互的主要优点在于，用户感觉像移动一个空间中的物理球体。弧球交互的主要优点在于，如果用户在一点开始移动鼠标并在另一点结束，最终得到的旋转将不依赖于鼠标在其间移动的路径。

假设在坐标系 $\vec{a}^t = \vec{w}^t(O)_T(E)_R$ 下移动对象，参见 5.2.1 节。我们希望将用户选中屏幕并拖动鼠标转化为在坐标系 $\vec{a}^t$ 下 $\vec{o}^t$ 的旋转 Q。本章将介绍两种计算旋转 Q 的方法：弧球和轨迹球。

8.1　交　互

假设已知球体的半径，其中心位于 $\tilde{o}$，即 $\vec{o}^t$ 的原点。通常，围绕对象绘制该球体的线框图十分有效，可提升用户体验。假设用户在图像中选中球面的某像素 s_1，可将其转化为选择球面的某 3D 点 $\tilde{p}_1$。假设鼠标随后移动至球面的另一像素 s_2，则可转化为球面的第二点 $\tilde{p}_2$。

给定这两点，分别将 v_1、v_2 定义为方向 $\tilde{p}_1 - \tilde{o}$ 和 $\tilde{p}_2 - \tilde{o}$ 上的单位长度向量，将角度定义为 $\phi = \arccos(v_1, v_2)$，以及轴为 $k = \text{normalize}(v_1 \times v_2)$（见图 8.1）。

轨迹球交互中，将 Q 定义为绕轴 k 旋转 ϕ 度；弧球交互中，将 Q 定义为绕轴 k 旋转 2ϕ 度。

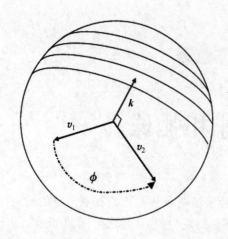

图 8.1　设置轨迹球和弧球。根据在球面选择的两点确定两个向量，进而得到角度和轴

8.2　性　　质

轨迹球交互十分自然；用户感觉像抓取球体上的一点并拖动。但有个意料之外的结果，如果用户首先在屏幕上将鼠标从 s_1 移至 s_2，再移至 s_3，得到的旋转结果与直接从 s_1 移动至 s_3 的结果不同。这两种情况下，点 $\widetilde{p}_1$ 都会旋转至 $\widetilde{p}_3$，但结果会因绕轴 $\widetilde{o} - \widetilde{p}_3$ 的某种"扭曲"而不同。这种路径依赖性同样存在于 6.5 节的简单旋转交互中。

弧球交互具有一些相反的性质。一方面，物体的旋转速度是预期的两倍。另一方面，弧球交互是路径独立的。四元数运算可轻松证明该性质。用四元数表示绕轴 k 旋转 2ϕ 度为

$$\begin{bmatrix} \cos(\phi) \\ \sin(\phi)\hat{k} \end{bmatrix} = \begin{bmatrix} \hat{v}_1 \cdot \hat{v}_2 \\ \hat{v}_1 \times \hat{v}_2 \end{bmatrix} = \begin{bmatrix} 0 \\ \hat{v}_2 \end{bmatrix} \begin{bmatrix} 0 \\ -\hat{v}_1 \end{bmatrix} \tag{8.1}$$

其中，$\hat{k}$，$\hat{v}_1$ 和 $\hat{v}_2$ 是 3D 坐标向量，分别表示坐标系 $\vec{a}^t$ 下的向量 k，v_1 和 v_2。

如果组合两个弧球旋转：从 $\widetilde{p}_1$ 移动至 $\widetilde{p}_2$，再从 $\widetilde{p}_2$ 移动至 $\widetilde{p}_3$，可得

$$\begin{bmatrix} \hat{v}_2 \cdot \hat{v}_3 \\ \hat{v}_2 \times \hat{v}_3 \end{bmatrix} \begin{bmatrix} \hat{v}_1 \cdot \hat{v}_2 \\ \hat{v}_1 \times \hat{v}_2 \end{bmatrix}$$

因为两个旋转都在相同的坐标系 $\vec{a}^t$ 下，使用式(8.1)的分解，则上式等价于：

$$\begin{bmatrix} 0 \\ \hat{v}_3 \end{bmatrix} \begin{bmatrix} 0 \\ -\hat{v}_2 \end{bmatrix} \begin{bmatrix} 0 \\ \hat{v}_2 \end{bmatrix} \begin{bmatrix} 0 \\ -\hat{v}_1 \end{bmatrix} = \begin{bmatrix} 0 \\ \hat{v}_3 \end{bmatrix} \begin{bmatrix} 0 \\ -\hat{v}_1 \end{bmatrix} = \begin{bmatrix} \hat{v}_1 \cdot \hat{v}_3 \\ \hat{v}_1 \times \hat{v}_3 \end{bmatrix}$$

这等同于直接从 $\widetilde{p}_1$ 移动至 $\widetilde{p}_3$ 的结果。

8.3 实 现

轨迹球和弧球可通过 4×4 矩阵或四元数直接表示变换 Q 实现。

由于所有操作仅依赖于向量而非点,所以坐标系的原点并不重要,可在任何共享轴 $\vec{a}'$ 的坐标系下工作,可使用眼坐标系。

其中的难点在于计算所选像素对应于球面上点的坐标(本质为光线跟踪,第 20 章将介绍)。可简单地借助"屏幕坐标系"取得近似解,假设在 3D 空间中,x 轴是屏幕的水平轴,y 轴是屏幕的垂直轴,且 z 轴朝向屏幕外。将球体中心简单地置于屏幕,给定用户选中的屏幕坐标 (x, y),可通过球体方程轻松找到球体上的 z 坐标:$(x - c_x)^2 + (y - c_y)^2 + (z - 0)^2 - r^2 = 0$,其中 $[c_x, c_y, 0]'$ 是球体中心的屏幕坐标。

使用该方法时,仍需计算球体在屏幕坐标系下的中心,及其投影在屏幕上的半径。这涉及相机矩阵的知识,将在第 10 章介绍。完整起见,本书网站提供了相关程序代码。

习 题

8.1 用四元数或矩阵实现弧球和轨迹球交互。本书网站提供了一个函数,该函数返回球体投影在屏幕上的近似中心和半径。

第 9 章

平 滑 插 值

接下来介绍一种关键帧动画技术。在该场景中,动画师生成 3D 计算机动画中一组离散时刻上的快照。用一组建模参数定义每张快照,这些参数可能包括各种对象以及相机的位置和方向,还可以包括可移动肢体模型的关节角度等。为了从这些**关键帧**(**keyframes**)中创建平滑动画,计算机将在连续时间区间上平滑地"填充"参数值。如果调用其中一个动画参数 c,每张离散快照的参数表示为 c_i,i 属于某个整数区间,之后的工作是将该参数的离散序列转换为连续的时间函数 $c(t)$。函数 $c(t)$ 通常需要尽可能平滑,以使动画不会太抖。

本章将介绍用**样条**(**splines**)在部分真实线条上平滑地插值这样一组离散值的简单方法。图 9.1 显示了用函数 $c(t)$($t \in [0..8]$)插值一组黑色点代表的离散整数 c_i($i \in [-1..9]$)(之后将说明 -1 和 9 处需要额外非内插值)。样条由多个函数片段拼接而成,每个片段都是一个低阶多项式函数。选择这些多项式片段函数以便平滑拼接。因为样条易于表

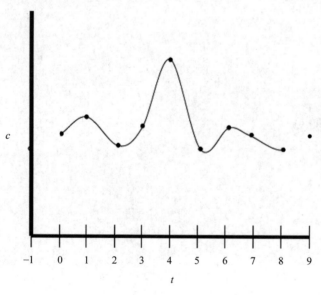

图 9.1 用样条函数插值一组点

示、评估和控制,所以经常在计算机图形学中使用。特别是,相较于其他方法,样条函数的效果容易预测,例如一元高阶多项式函数。

本章将介绍样条表示平面和空间中曲线的方法,可应用于动画外的领域,如描述字体中字符的形状轮廓。

9.1 三次 Bezier 函数

首先,思考如何表示一个三次多项式函数 $c(t)$,$t \in [0..1]$(见图 9.2)。我们有很多方法可以实现它,在此介绍一种方便的 Bezier 表示法,其参数具有几何意义,且评估可简化为重复的线性插值。

在三次 Bezier 表示中,使用四个**控制值**(**control values**)c_0,d_0,e_0 和 c_1 描述一个三次函数。在图 9.2 中,已将这些数据可视化为 2D 平面 (t,c) 上的点,其坐标为 $[0,c_0]^t$,$\left[\dfrac{1}{3},d_0\right]^t$,$\left[\dfrac{2}{3},e_0\right]^t$ 和 $[1,c_1]^t$,由浅蓝色的折线连接,将其称为**控制多边形**(**control polygon**)。

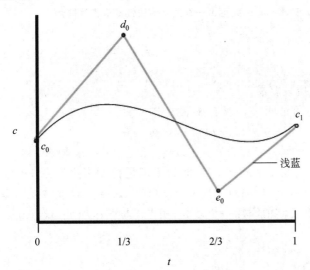

图 9.2 通过四个控制值定义一个三次 Bezier 函数

t 取任意值时,为评估函数 $c(t)$,执行下列线性插值。

$$f = (1-t)\,c_0 + t\,d_0 \tag{9.1}$$

$$g = (1-t)\,d_0 + t\,e_0 \tag{9.2}$$

$$h = (1-t)\,e_0 + t\,c_1 \tag{9.3}$$

$$m = (1-t)\,f + tg \tag{9.4}$$

$$n = (1-t)g + th \tag{9.5}$$
$$c(t) = (1-t)m + tn \tag{9.6}$$

在图 9.3 中,将 $t=0.3$ 的计算步骤可视化为 2D 平面上的线性插值。

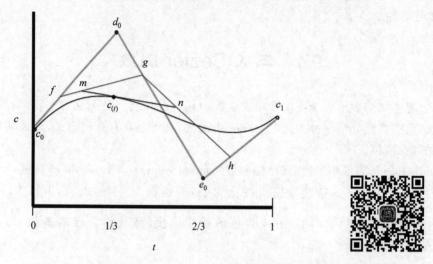

图 9.3 对于任意 t 值,Bezier 函数可由一组图示的线性插值步骤估计

9.1.1 函数性质

证明函数 $c(t)$ 具有如下性质较容易。

通过展开上面的评估方法,可证明 $c(t)$ 具有如下形式

$$c(t) = c_0(1-t)^3 + 3d_0 t(1-t)^2 + 3e_0 t^2(1-t) + c_1 t^3$$

显然,它是一个三次函数。另外,c_i 经过插值:$c(0)=c_0$ 和 $c(1)=c_1$,求导可得 $c'(0) = 3(d_0-c_0)$ 和 $c'(1)=3(c_1-e_0)$。在图 9.2 中,$c(t)$ 的斜率满足控制多边形在 0 和 1 处的斜率。同样地,如果 $c_0=d_0=e_0=c_1=1$,则对于所有 t,均有 $c(t)=1$,称该性质为**单位分解**(**partition of unity**),即为所有控制值添加一个常数,相当于将其添加至 $c(t)$。

9.1.2 推广

如果希望三次函数在 $t=i$ 和 $t=i+1$ 处分别插入值 c_i 和 c_{i+1},并调用另外两个控制点 d_i 和 e_i,只需"推广"式(9.1)。

$$f = (1-t+i)c_i + (t-i)d_i \tag{9.7}$$
$$g = (1-t+i)d_i + (t-i)e_i \tag{9.8}$$
$$h = (1-t+i)e_i + (t-i)c_{i+1} \tag{9.9}$$
$$m = (1-t+i)f + (t-i)g \tag{9.10}$$
$$n = (1-t+i)g + (t-i)h \tag{9.11}$$

$$c(t) = (1 - t + i)m + (t - i)n \qquad (9.12)$$

9.2　Catmull-Rom 样条

现在回到插值一组离散值 $c_i\,[\,i \in (-1..n+1)\,]$ 的初始问题。一个简单方法是使用 **Catmull-Rom 样条**（Catmull-Rom splines）定义函数 $c(t)$，$t \in [0..n]$。该函数由 n 个三次函数组成，其中每个函数有一个单位区间 $t \in [i..i+1]$。选择这些片段插入 c_i 值，并保持其一阶导数的一致性。

在 Bezier 方法中，每个函数由四个控制值 c_i，d_i，e_i 和 c_{i+1} 表示。由输入数据得到 c_i，接着通过施加约束 $c'(i) = \dfrac{1}{2}(c_{i+1} - c_{i-1})$ 设置 d_i 和 e_i，即向前和向后观察一个样本确定 $t = i$ 时刻的斜率，所以需额外的极值 c_{-1} 和 c_{n+1}。在 Bezier 表示法中，有 $c'(i) = 3(d_i - c_i) = 3(c_i - e_{i-1})$ 成立，因此需令

$$d_i = \frac{1}{6}(c_{i+1} - c_{i-1}) + c_i \qquad (9.13)$$

$$e_i = \frac{-1}{6}(c_{i+2} - c_i) + c_{i+1} \qquad (9.14)$$

该过程如图 9.4 所示。其中，一段三次函数的 c、d 和 e 值用红色显示，控制多边形以浅蓝色显示（d 和 e 由深蓝色弧线确定）。

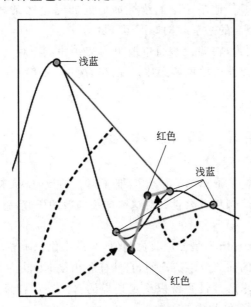

图 9.4　Catmull-Rom 样条函数由单独三次函数的片段组成，每个片段使用 Bezier 表示法。在此显示由输入控制值确定一条 Bezier 曲线的方法，箭头指向具有相同斜率的片段

9.3　四元数样条函数

Bezier 和 Catmull-Rom 方法可插值任意实值动画参数。例如,若有一个时变的平移,则可独立插值其三个定义参数 t_x, t_y 和 t_z。

若想插值一组方向,无法直接应用理论,目前正研究该问题的最佳理论方法。一种有效的解决方案是简单地使用四元数替换上述算法中的标量运算。通过这些替换,标量加法变成了四元数乘法,标量的相反数变成了四元数的逆,标量乘法变成了四元数的幂。基于此方法,Bezier 插值由

$$r = (1-t)p + tq$$

变为

$$r = \text{slerp}(p, q, t)$$

用四元数表示 d_i 和 e_i

$$d_i = ((c_{i+1}\, c_{i-1}^{-1})^{\frac{1}{6}})\, c_i$$

$$e_i = ((c_{i+2}\, c_i^{-1})^{\frac{-1}{6}})\, c_{i+1}$$

如 7.4 节所述,为在"较短路径"上插值,四元数 $c_{i+1} c_{i-1}^{-1}$ 的第一项为负时,需在幂运算前对其取相反数。

参考文献[68]和[66]介绍了其他基于球面线性插值的四元数样条方法,参考文献[10]介绍了一种更自然但代价更高的基于 n 向球形混合的方法。

另一种实际常用的替代方法为,将四元数简单地视为 $\mathbb{R}^4$ 中的点,对这四个坐标进行标准样条插值,然后归一化结果以获得单位四元数。在该情况中,参考文献[22]介绍了保持片段间连续性的条件。

9.4　其他样条

下面将简单介绍其他几类样条函数,无须详细了解。在**计算机辅助几何设计**（**computer aided geometric design**）领域有大量针对这些样条函数的研究,感兴趣的读者可参阅参考文献[21]和[59]。

自然三次样条（**natural cubic spline**）是插值其控制值,并最小化二阶导数积分的函数。从某种意义上讲,它是"最平滑"的插值。事实证明,自然样条由同时满足一阶和二阶导数一致性的三次函数片段组成,需求解线性系统以确定这样的自然三次样条。该样条是全局的：移动一个控制值将影响整个区间内的函数。

均匀（三次）B 样条（**uniform（cubic）B-spline**）由一组三次多项式函数拼接而成,其二阶导数保持一致。不同于自然三次样条曲线,单个控制值的变化只会影响局部区间的函

数,但 B 样条不会插值每个控制值,而仅近似它们。

非均匀 B 样条(non uniform B-spline)是均匀 B 样条的一般表示,在保持二阶导连续性的情况下,允许其控制值在 t 条线上不均匀地间隔。

最后,**非均匀有理 B 样条**(non uniform rational B-spline,NURB)是非均匀 B 样条的一般表示,每个"片段"函数是两个多项式函数(比值)的有理表达式,可用有理形式拟合许多经典的代数形状。

9.5 空间曲线

为制作动画已经介绍了一元标量函数(将该自由变量视为时间),可用样条表示空间曲线,即用一组 2D 或 3D **控制点**(control points)$\tilde{c}_i$ 控制样条曲线。分别用样条重建 x,y 和 z 坐标,得到点到值的样条函数 $\tilde{c}(t)$,可将该过程想象为点随时间在空间中运动,轨迹沿样条曲线 γ 运动。

使用四个控制点进行 Bezier 重建,即可得到 **Bezier 曲线**(Bezier curve)(见图 9.5)。同时,使用一组控制点进行 Catmull-Rom 重建,即可得到 **Catmull-Rom 曲线**(**Catmull-Rom curve**)(见图 9.6)。

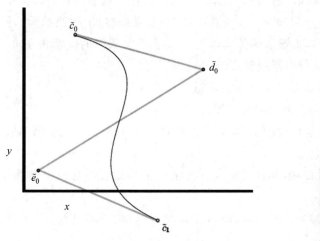

图 9.5 2D 空间中的 Bezier 曲线

对于曲线,单位分解性意味着如果所有控制点均平移了某固定数值,则仅将曲线 γ 平移该数值。

另外,对于 Bezier(以及 B 样条)曲线,对于每个 t,以某种方式混合控制点的位置来计算 $\tilde{c}(t)$,其混合数值在 0~1。因此,曲线须位于控制多边形的"凸包"中,该多边形由空间中的控制点连接而成。这意味着曲线不至于偏离其控制多边形太远。

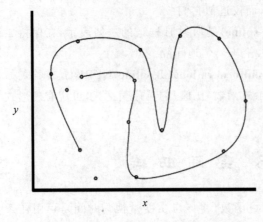

图 9.6　2D 空间中的 Catmull-Rom 曲线

习　题

9.1　由习题 7.1 的机器人代码开始,实现关键帧的基础结构。

系统将保存一个关键帧的链表列表,每个关键帧将存储世界的状态,包括所有关节角度、机器人及其眼睛的位置和方向。在任意给定时刻,系统将处于"当前帧",同样具有一个"当前状态",包括在屏幕上显示的关节角度、机器人及其眼睛的位置和方向。用户操控场景时,更新当前状态,执行以下热键。

(1) 空格:将当前关键帧复制到当前状态。

(2) u:将当前状态复制到当前关键帧。

(3) >:前进一个关键帧(如果当前帧不是最后一个),接着将当前关键帧复制到当前状态。

(4) <:回退一个关键帧(如果当前帧不是第一个),接着将当前关键帧复制到当前状态。

(5) d:删除当前关键帧(如果当前帧不是第 0 帧),将前一帧复制到当前状态,并将前一帧设为当前帧。

(6) n:在当前关键帧后创建一个新的关键帧,将当前状态复制到新关键帧中,并进入新关键帧。

(7) i:从输入文件中读取关键帧,可自由选择存储关键帧数据的文件格式。

(8) w:将关键帧保存至输出文件,确保文件格式与输入格式一致。

9.2　实现简单的线性插值,以从关键帧中创建动画。需在任意两个关键帧之间,对所有关节角度、机器人及其眼睛位置和方向(用四元数表示)进行简单的线性插值。

动画过程中,通过在每个中间时刻评估线性插值器来创建中间状态,然后使用这些中间状态显示每帧动画。对于方向,需用四元数线性插值。

热键如下:

(1) y:播放。

(2) +:快进。

(3) -:慢放。

可对关键帧序列进行编号,从 -1 到 $n+1$,只显示 $0\sim n$ 帧的动画。该方法可用于下道习题的 Catmull-Rom 插值。由于仅播放 $0\sim n$ 帧的动画,因此播放一个动画至少需要 4 个有序关键帧。如果用户尝试播放少于 4 个关键帧的动画时,程序可忽略该命令并向控制台发出警告。播放结束后,应将当前状态设为关键帧 n,并显示该帧。

使用 GLUT 计时器函数 glutTimerFunc(intms,timerCallback,intvalue)回放动画。

该函数请求 GLUT 在毫秒(ms)后使用参数值 value 触发 timerCallback。在 timerCallback 内部,可再次调用 glutTimerFunc 计划另一次触发 timerCallback,从而在每帧中有效地计划下一帧的绘制。

下列代码实现了动画回放,调用 animateTimerCallback(0)以播放一段动画序列。

```
// Controls speed of playback.
static int millisec_between_keyframes =2000;
// Draw about 60 frames in each second
static int millisec_per_frame =1000/60;

// Given t in the range [0,n],perform interpolation
// and draw the scene for the particular t.
// Returns true if we are at the end of the animation
// sequence,false otherwise.
bool interpolateAndDisplay(float t){...}
// Interpret "value" as milliseconds into the animation
static void animateTimerCallback(int value){
  float t =value/(float)millisec_between_keyframes;

  bool endReached =interpolateAndDisplay(t);
  if(!endReached)
    glutTimerFunc(millisec_per_frame, animateTimerCallback, value +millisec_
per_frame);
  else { ... }
}
```

9.3　在习题 9.2 的基础上,使用 Catmull-Rom 插值替代其第一部分使用的线性插值。

为每个关节角度、机器人以其眼睛的位置和方向创建一个样条线。

在整个动画期间,通过在中间时刻对 Bezier 曲线估值创建中间状态,然后使用这些中间状态显示中间帧。对于方向,需使用四元数插值。

第 三 篇

相机和光栅化

第 10 章

投 影

到目前为止,已经可在 3D 空间中表示物体和眼睛,接下来介绍如何将其转换为眼睛看到的 2D 图像。要做到这一点,需对相机进行建模。假设相机位于眼坐标系 $\vec{e}^{\,t}$ 的原点上,并且相机朝向眼坐标系 z 轴的负方向,使用 $[x_e, y_e, z_e, 1]^t$ 表示点的眼坐标。

10.1 针 孔 相 机

针孔相机是最简单的相机模型(见图 10.1)。当光线射向胶片平面时,大多数被不透明表面 $z_e = 0$ 阻挡。但在其眼坐标为 $[0,0,0,1]^t$ 的中心点上放置一个非常小的孔,只有通过该点的光线才能到达胶片平面,并在胶片上记录其强度。图像记录在胶片平面上,如平面 $z_e = 1$。

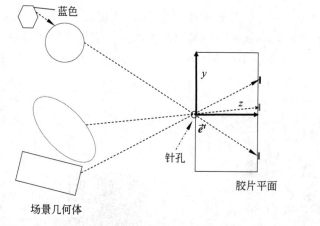

图 10.1 针孔相机的 2D 示意图。从场景几何体表面射出的光线通过针孔(沿虚线),将其颜色记录在胶片平面 $z_e = 1$ 上。在此显示了一部分彩色像素。因为蓝色六边形被遮挡,所以不会出现在图像中

在真实世界中,任何相机都需要一个有限大小的光圈,以便可测量的光量能够传递到胶片平面。并且一旦确定了光圈大小,就需要一个镜头来更好地"收集"并聚焦入射光。因为还未构建物理相机,所以暂时无须关注这些问题,第 21 章将介绍更多细节。

在针孔相机中,需翻转胶片平面上的数据来获得需要的照片。在数学上,如果在建模针孔相机时改为将胶片平面放在针孔**前面**(**front**),如平面 $z_e = -1$(见图 10.2),则可避免翻转数据这一步骤。虽然这在物理世界中没有任何意义,但在数学模型中该针孔相机可以正常工作。

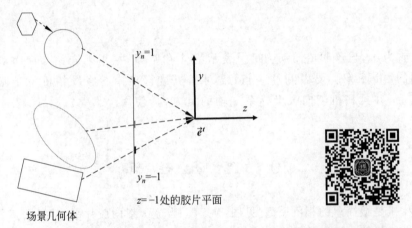

图 10.2   基本针孔相机可以使用原点前面的 $z_e = -1$ 胶片平面进行建模。图像平面上的最高点的归一化设备坐标 y_n 为 1,而最低点的坐标 y_n 为 -1。沿虚线的所有点都将映射到图像中的同一个像素

创建图片后,假设在平面 $z_e = -1$ 处放置照片,并在原点处观察它(见图 10.3)。实际上是在复现观察者站在这里并看向场景时到达其眼睛的数据。当在空间中移动图片,如远离或靠近观察者的眼睛,原始场景将不能准确复现,但看起来仍是原始场景的合理有效的视觉表示。

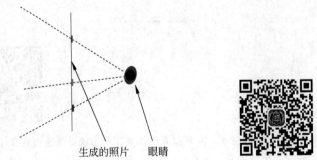

图 10.3   如果将胶片平面替换为照片,并且在原点观察,获得的图像数据将与原始场景相同

10.2　相机数学模型

数学上很容易对这种针孔相机建模,使用坐标$[x_n, y_n]^t$表示胶片平面上的点。目前在胶片平面上选择一个 2D 坐标系,使这些坐标恰与眼坐标一致,即 $x_n = x_e$ 和 $y_n = y_e$,但很快就会放宽该规定。

给定场景中眼坐标为$[x_e, y_e, z_e, 1]^t$的点$\tilde{p}$,容易发现(如使用三角形函数)从$\tilde{p}$到原点的射线与胶片平面相交于

$$x_n = -\frac{x_e}{z_e} \tag{10.1}$$

$$y_n = -\frac{y_e}{z_e} \tag{10.2}$$

矩阵表示为

$$\begin{bmatrix} 1 & 0 & 0 & 0 \\ 0 & 1 & 0 & 0 \\ - & - & - & - \\ 0 & 0 & -1 & 0 \end{bmatrix} \begin{bmatrix} x_e \\ y_e \\ z_e \\ 1 \end{bmatrix} = \begin{bmatrix} x_c \\ y_c \\ - \\ w_c \end{bmatrix} = \begin{bmatrix} x_n w_n \\ y_n w_n \\ - \\ w_n \end{bmatrix} \tag{10.3}$$

其中,一字线"—"表示"任意值"。该矩阵称为**投影矩阵**(**projection matrix**),将该矩阵乘法的原始输出$[x_c, y_c, -, w_c]^t$称为$\tilde{p}$的**裁剪坐标**(**clip coordinates**)(因该原始数据之后会用于 12.1 节中的裁剪阶段而命名)。将新变量$w_n = w_c$称为 w-坐标。在该裁剪坐标中,4D 坐标向量的第四项不一定是 0 或 1。则有 $x_n w_n = x_c$ 且 $y_n w_n = y_c$。如果想单独提取 x_n,须进行除法运算 $x_n = \dfrac{x_n w_n}{w_n}$($y_n$ 类似)。这样可以精确重现式(10.1),即计算简单的相机模型。

将带有下标 n 的输出坐标称为**归一化设备坐标**(**normalized device coordinates**),因为它们使用抽象单位确定图像上点的位置,而无须特别参考像素数量。在计算机图形学中,在**规范方形**(**canonical square**)$-1 \leqslant x_n \leqslant +1$,$-1 \leqslant y_n \leqslant +1$ 中存储图像数据,并最终将其映射到屏幕的一个窗口上,不会记录或显示方形外的数据。这即为附录 A 中进行 2D OpenGL 绘制的模型。

10.3　变　换　相　机

通过更改投影矩阵中的项即可改变相机变换的几何结构。

10.3.1 缩放相机

如果将胶片平面移动至 $z_e = n$，n 为负数（见图 10.4），则可将该相机建模为

$$x_n = \frac{x_e n}{z_e}$$

$$y_n = \frac{y_e n}{z_e}$$

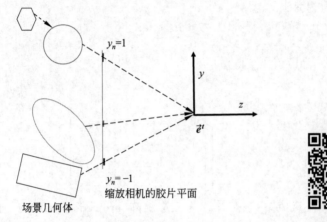

图 10.4 在该相机模型中，胶片平面移动至 $z_e = n$。我们仍保持胶片平面的范围 $-1 < y_n = y_e < 1$，从而模拟远程拍摄

这对应于镜头上的放大倍数，可用矩阵表示为

$$\begin{bmatrix} x_n w_n \\ y_n w_n \\ - \\ w_n \end{bmatrix} = \begin{bmatrix} -n & 0 & 0 & 0 \\ 0 & -n & 0 & 0 \\ - & - & - & - \\ 0 & 0 & -1 & 0 \end{bmatrix} \begin{bmatrix} x_e \\ y_e \\ z_e \\ 1 \end{bmatrix}$$

实际上，这等同于先将胶片平面放置于 $z_e = -1$，然后将图像缩放 $-n$ 倍，且只保留规范方形内的部分（见图 10.5）。因此，最好不要将归一化设备坐标系与胶片平面上的任何眼坐标系混淆，它仅为图像平面内部的某个坐标系。

一种控制缩放因子的有效方法是，指定所需相机的垂直**视角**（**field of view**）来确定 $-n$。设相机视角为 θ，则令 $-n = \dfrac{1}{\tan\left(\dfrac{\theta}{2}\right)}$（见图 10.6），可得投影矩阵

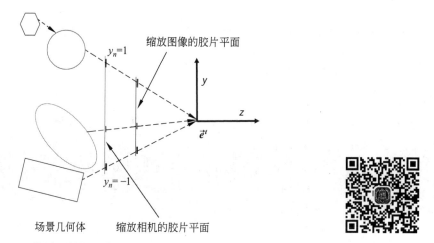

图 10.5　缩放后的相机等同于胶片平面 $z_e=-1$ 处的相机,但具有缩放图像坐标系 $y_n=-n\,y_e$

$$\begin{bmatrix} \dfrac{1}{\tan\left(\dfrac{\theta}{2}\right)} & 0 & 0 & 0 \\[2em] 0 & \dfrac{1}{\tan\left(\dfrac{\theta}{2}\right)} & 0 & 0 \\[2em] - & - & - & - \\[0.5em] 0 & 0 & -1 & 0 \end{bmatrix} \qquad (10.4)$$

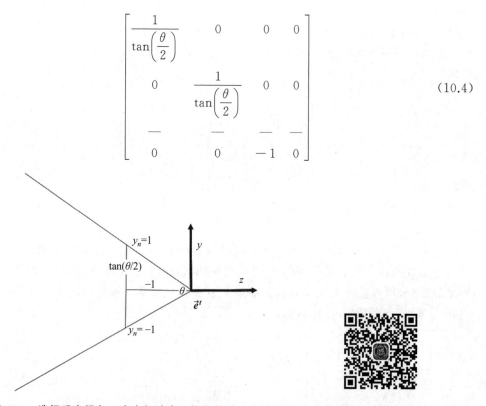

图 10.6　选择垂直视角 θ 来方便地表示相机缩放。在该情况下,可将胶片平面视为 $z_e=-1$,边界为 $-\tan\left(\dfrac{\theta}{2}\right)<y_e<\tan\left(\dfrac{\theta}{2}\right)$,从而将归一化设备坐标映射至 $-1<y_n<1$

可直接验证从原点射出的光线与 z 轴负方向夹角为 $\dfrac{\theta}{2}$ 的所有点都会映射到图像平面中规范方形的边界，因此相机视角为 θ。例如，眼坐标系下点 $\left[0,\tan\left(\dfrac{\theta}{2}\right),-1,1\right]^t$ 将映射到归一化设备坐标 $[0,1]^t$。

一般通过分别变换水平因子 s_x 和垂直因子 s_y 缩放原始图像，从而获得以下相机模型

$$
\begin{bmatrix} x_n w_n \\ y_n w_n \\ - \\ w_n \end{bmatrix} = \begin{bmatrix} s_x & 0 & 0 & 0 \\ 0 & s_y & 0 & 0 \\ 0 & 0 & 1 & 0 \\ 0 & 0 & 0 & 1 \end{bmatrix} \begin{bmatrix} 1 & 0 & 0 & 0 \\ 0 & 1 & 0 & 0 \\ - & - & - & - \\ 0 & 0 & -1 & 0 \end{bmatrix} \begin{bmatrix} x_e \\ y_e \\ z_e \\ 1 \end{bmatrix} = \begin{bmatrix} s_x & 0 & 0 & 0 \\ 0 & s_y & 0 & 0 \\ - & - & - & - \\ 0 & 0 & -1 & 0 \end{bmatrix} \begin{bmatrix} x_e \\ y_e \\ z_e \\ 1 \end{bmatrix}
$$

计算机图形学中，经常在处理屏幕上的非方形窗口时应用该缩放的非一致性。假设窗口的宽度大于高度，相机变换时则需水平挤压物体，以便使更宽的水平视野映射到规范方块内，之后数据映射到窗口时，它将相应地伸展，且不会失真。

将窗口的**纵横比（aspect ratio）**定义为其宽度除以高度（如以像素为单位），记为 a。则投影矩阵为

$$
\begin{bmatrix} \dfrac{1}{a\tan\left(\frac{\theta}{2}\right)} & 0 & 0 & 0 \\ 0 & \dfrac{1}{\tan\left(\frac{\theta}{2}\right)} & 0 & 0 \\ - & - & - & - \\ 0 & 0 & -1 & 0 \end{bmatrix} \tag{10.5}
$$

它在垂直方向上的投影效果与式（10.4）的矩阵相同，但在水平方向上更宽。

当窗口的高度大于宽度，即 $a<1$ 时，仍可用式（10.5）的矩阵，但在水平方向上会产生更窄的视野，这可能不太让人满意。如果 θ 表示垂直与水平视角中较小的一个，那么，每当 $a<1$ 时，需使用以下投影矩阵：

$$
\begin{bmatrix} \dfrac{1}{\tan\left(\frac{\theta}{2}\right)} & 0 & 0 & 0 \\ 0 & \dfrac{\alpha}{\tan\left(\frac{\theta}{2}\right)} & 0 & 0 \\ - & - & - & - \\ 0 & 0 & -1 & 0 \end{bmatrix}
$$

它正是 6.2 节中调用函数 makeProjection 生成的矩阵。

计算机图形学中,选择视野大小时,通常需权衡许多方面。一方面,更广泛的视野可以让观众看到周围的更多内容,如游戏。另一方面,在大部分观看环境中(除非人们的头部贴着屏幕),屏幕仅占据观察者周围环境中很小的一部分。这种情况下,看到的几何体将与成像环境不一致(见图 10.3),且会产生扭曲的外观(例如,球体可能不会显示为圆形)。

10.3.2 移位相机

在少数情况下,需通过 $[c_x, c_y]^t$ 平移 2D 归一化设备坐标,这可由投影矩阵表示为

$$\begin{bmatrix} x_n w_n \\ y_n w_n \\ - \\ w_n \end{bmatrix} = \begin{bmatrix} 1 & 0 & 0 & c_x \\ 0 & 1 & 0 & c_y \\ 0 & 0 & 1 & 0 \\ 0 & 0 & 0 & 1 \end{bmatrix} \begin{bmatrix} 1 & 0 & 0 & 0 \\ 0 & 1 & 0 & 0 \\ - & - & - & - \\ 0 & 0 & -1 & 0 \end{bmatrix} \begin{bmatrix} x_e \\ y_e \\ z_e \\ 1 \end{bmatrix} = \begin{bmatrix} 1 & 0 & -c_x & \\ 0 & 1 & -c_y & 0 \\ & & & \\ 0 & 0 & -1 & \end{bmatrix} \begin{bmatrix} x_e \\ y_e \\ z_e \\ 1 \end{bmatrix}$$

这对应于一个**胶片平面移位**(**shifted film plane**)的相机(见图 10.7)。这看似不常见,但事实上由于制造和光学问题,大多数真实相机确实有一些小的移位。

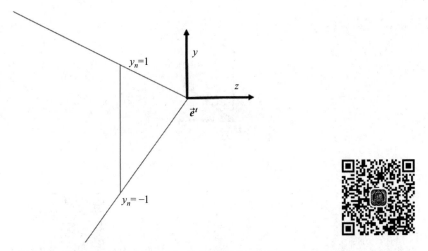

图 10.7 在移位相机中,平移归一化设备坐标,并保留移位坐标的 $[-1..1]$ 区域

在计算机图形学中,移位相机主要用于拼接显示器(见图 10.8),相邻放置多个显示器来创建更大的显示器。在该情况下,将每张子图像建模为一个适当的移位相机。还可应用于立体观影,在单个屏幕上创建成对的图像。

计算机图形学中,首先通过指定一个近平面 $z_e = n$ 来指定移位(和缩放)相机。在此平面上,眼坐标的轴与矩形的轴方向一致(为了使图像结果不扭曲,此矩形的纵横比应与最终窗口的纵横比一致)。l,r 分别表示坐标 x_e 到该矩形左侧和右侧的距离,t,b 分别表示坐标 y_e 到该矩形顶部和底部的距离。最终,这些值表示空间中 3D **视截体**(**frustum**)的形

状。光线通过该矩形射向原点,将由以下投影矩阵映射至规范的正方形图像(见图 10.9)。

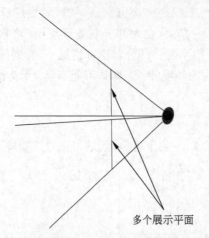

多个展示平面

图 10.8 向观察者呈现两个显示平面来创建一张完整的图像,将每张子图像建模为一个移位相机

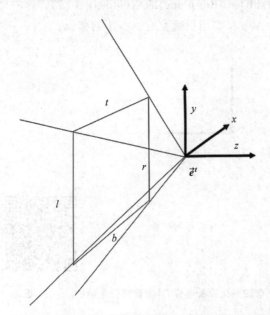

图 10.9 通过在近平面上指定图像矩形来定义 3D 视截体

$$\begin{bmatrix} -\dfrac{2n}{r-l} & 0 & \dfrac{r+l}{r-l} & 0 \\ 0 & -\dfrac{2n}{t-b} & \dfrac{t+b}{t-b} & 0 \\ \text{—} & & \text{—} & \\ 0 & 0 & -1 & 0 \end{bmatrix} \tag{10.6}$$

10.3.3 其他

在相机模型中,通常不会涉及式(10.6)中矩阵左上方 2×2 区域的两个 0,它们一起表示像素网格的旋转和裁剪。裁剪通常不会出现在真实相机中,在计算机图形学中也很少涉及。当然可以围绕其光轴旋转整个相机,但这可通过初始定义坐标系 $\vec{e}'$ 时进行适当的相机旋转来完成。

10.4 环 境

之前介绍的投影运算可以对眼坐标系中的任意点进行映射,从而获得其归一化设备坐标。但在 OpenGL 中,仅将该映射应用于三角形顶点。一旦获得三角形三个顶点的归一化设备坐标,便可通过计算图像平面上的该三角形内的所有像素来简单地填充三角形内部点。

习 题

10.1 假设分别以 40°、30° 和 20° 的视角拍摄冰块,其他相机参数保持一致,用实线绘制正面投影,虚线绘制背面投影。下列哪项是正确的?

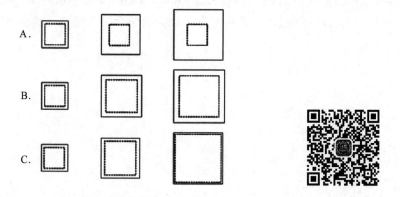

10.2 观察以下两幅照片,想象它们的拍摄方法,描述其眼坐标系和投影矩阵的区别(提示:可创建一个胶片平面移位相机)。

10.3　已知空间中 6 个点的世界坐标及其归一化设备坐标,设 $\vec{e'}=\vec{w'}E$,P 是一个相机矩阵(一个 4×4 矩阵,第 3 行用"—"表示任意值),求矩阵 PE^{-1} 中的 12 个未知项(提示:建立一个适当的齐次线性系统,其右侧为 0,结果可包含一个比例系数变量)。

第11章

深 度

11.1 可 见 性

在现实世界中,如果物体 A 位于物体 B 的前方,则来自 B 的光线在到达相机之前将被 A 阻挡,且 B 不会出现在图像中(参见图 10.2 的蓝色六边形)。在计算机图形学中,我们需对该情况进行建模。

很多方法均可用于确保在图像中仅显示对相机可见的外观。一种想法是按照深度对三角形排序,然后由后至前绘制。该思想是在遮挡三角形上重新绘制最前方的三角形,从而生成正确图像。这种所谓的画家式方法存在许多困难,例如,一个场景可能包含互穿的三角形,还可能包含非互穿三角形组成的视觉上的环(见图 11.1)。

图 11.1 三个三角形构成一个视觉上的环,无法由后至前对其排序

第 20 章将讨论另一种常用方法:光线投影。对于每个像素,该方法明确地计算沿像素射线观察到的每个场景点,并使用最近的交点对像素着色。

在基于光栅化的渲染器(如 OpenGL)中,使用 z 缓冲区执行可见性计算。该方法可按任意顺序绘制三角形。在帧缓冲区的每个像素处,不仅存储颜色值,还有"当前深度"值,来表示用于设置像素当前值的几何深度。当绘制一个新三角形的像素颜色时,首先将其深度与存储在 z 缓冲区中的值进行比较。仅当此三角形中的观察点更近时,才会重写该像素的颜色和深度值。该方法逐像素进行,因此可以正确处理互穿三角形。

11.1.1 可见性计算的其他用途

可见性计算同样可用于计算观察点的颜色。特别是,确定观察点是否可直接看到某"光源"或处于阴影中可能很重要。在 OpenGL 中,这可通过 15.5.2 节的阴影映射方法完成。在光线跟踪中,可简单使用光线相交代码来查看与由观察点射向光源的光线相交的几何体。

可见性计算还可以加速渲染。如果已知相机遮挡了某物体,则不必首先渲染它。例如,这可用于室内场景,在其中通常看不到所处房间太远。在这种情况下,可用**保守可见性**(conservative visibility)测试,该测试会很快告诉我们某对象是可能可见还是肯定不可见。如果对象可能可见,则继续用 z 缓冲渲染;如果肯定不可见,则可跳过其整个绘制过程。

11.2 3D 投影变换基本数学模型

在 OpenGL 中,我们使用 z 缓冲计算可见性,除点的 $[x_n, y_n]$ 坐标外,还需深度值。为此,对于眼坐标系中的每个点,使用以下矩阵表达式定义每个点的 $[x_n, y_n, z_n]^t$ 坐标。

$$\begin{bmatrix} x_n w_n \\ y_n w_n \\ z_n w_n \\ w_n \end{bmatrix} = \begin{bmatrix} x_c \\ y_c \\ z_c \\ w_c \end{bmatrix} = \begin{bmatrix} s_x & 0 & -x & 0 \\ 0 & s_y & -c_y & 0 \\ 0 & 0 & 0 & 1 \\ 0 & 0 & -1 & 0 \end{bmatrix} \begin{bmatrix} x_e \\ y_e \\ z_e \\ 1 \end{bmatrix} \tag{11.1}$$

同样,将原始输出称为裁剪坐标,为获得 x_n 和 y_n 的值,需除以 w_n,如前所述。现仍有 $z_n = \frac{-1}{z_e}$,将在 z 缓冲中使用该 z_n 值进行深度比较。

首先,可用式(11.1)得到的 z_n 值进行深度比较。给定两点 $\tilde{p}^1$ 和 $\tilde{p}^2$,其在眼坐标系下的坐标为 $[x_e^1, y_e^1, z_e^1, 1]^t$ 和 $[x_e^2, y_e^2, z_e^2, 1]^t$。假设它们均位于眼睛前方,即 $z_e^1 < 0$ 且 $z_e^2 < 0$。且 $\tilde{p}^1$ 比 $\tilde{p}^2$ 更接近眼睛,即 $z_e^2 < z_e^1$,则有 $-\frac{1}{z_e^2} < -\frac{1}{z_e^1}$,即 $z_n^2 < z_n^1$。

综上,可将眼坐标系中的点映射到归一化设备坐标系中,视为一种 3D 几何变换。这种变换通常既不是线性,也非仿射,而是一种 3D **投影变换**(projective transformation)。

投影变换有点特别,如上例所示,点的 $z_e = 0$ 时,会出现"除以 0"问题。此时须了解投影变换的共线性和共面性(见图 11.2 和图 11.3,之后会证明)。共线性意味着,如果三个及以上的点在同一直线上,则变换后也将在某条直线上。

共面性意味着,对于一个固定三角形上的点,存在某组 a,b 和 c,有 $z_n = a x_n + b y_n + c$。因此,只要明确三角形三个顶点处的值,即可用 2D 图像上的线性插值来准确计算点的 z_n 值(有关线性插值的更多内容请参见附录 B)。

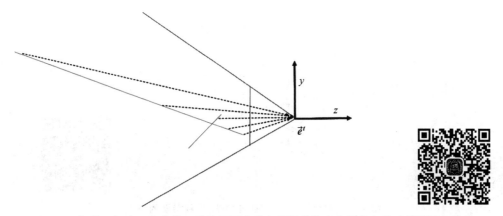

图 11.2　场景几何为两条直线。胶片平面上均匀间隔的像素将不均匀地映射到几何体上

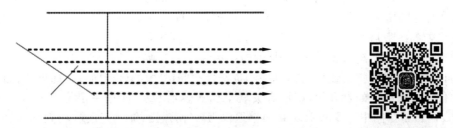

图 11.3　在归一化设备坐标系中呈现图 11.2 的场景。通过投影变换,将图 11.2 的点 $[y_e, z_e]'$
　　　　投影至归一化设备坐标 $[y_n, z_n]'$。在胶片平面上绘制 y_n,表示图像位置,z_n 是深度
　　　　值。在眼坐标系中,通过眼坐标系原点的光线被映射到归一化设备坐标中的平行光
　　　　线,该过程保留了共线性和共面性

但请注意,**投影变换无法保持距离**。再次观察图 11.2 和图 11.3,我们能看到胶片上均匀分布的像素无法均匀映射至观察空间(译者注:eye-space),但可在归一化设备坐标系中均匀分布。

由于该距离形变,对屏幕上的 z_e 线性插值将得到错误结果。观察图 11.4 的 2D 绘制,对象是互穿的两部分(分别以橙色和蓝色显示),同时显示了顶点的 z_e 值。这两部分在图像平面的中点相交,因此在最终图像中,上、下部分应分别显示为蓝色和橙色。假设在图像空间中对每部分的 z_e 值进行线性插值。蓝色像素的插值 z_e 值均为 -1。在橙色三角形上,从底部($z_e = -0.1$)到顶部($z_e = -1\,000\,000$ 左右)的插值 z_e 值很快小于 -1。因此,在 z 缓冲图像中,几乎整张图像都显示为蓝色。第 13 章将介绍对屏幕上的三角形插值 z_e 的方法。

11.2.1　投影变换的共线性(选读)

本节介绍了建立投影变换共线性所需的步骤。

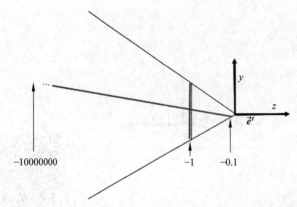

图 11.4 在屏幕上对 z_e 线性插值,得到错误的结果

首先,定义 3D 仿射空间中的投影变换。调整坐标系,点由 4D 坐标 c 表示,其最后一项为 1。然后将其乘以给定的 4×4 矩阵 P,得到 $d=Pc$。对 P 的第四行没有限制,但设该矩阵是可逆的。最后对 d 的每项除以 d 的第 4 项,得到仿射空间中另一点的坐标 e(忽略第四维恰好为 0 的情况),将 $c \Rightarrow e$ 这样的转换称为投影变换。

为证明该变换保持共线性,将 c 视为 4D 线性空间 $\mathbb{R}^4$ 中的坐标向量。如果从 3D 仿射空间中位于一条线上的点开始,则所有关联坐标 c 表示的 $\mathbb{R}^4$ 向量一定位于 $\mathbb{R}^4$ 的某个对应的 2D 向量子空间中。现将乘以 P 简单地视为 $\mathbb{R}^4$ 向量上的线性变换,与其他线性变换相同,该变换是 2D 子空间之间的映射。因此得到的所有坐标 d 一定位于 $\mathbb{R}^4$ 中某个确定的 2D 子空间中。最后除以坐标的第 4 项时,我们仅对每个结果向量进行缩放,使其同样位于 $\mathbb{R}^4$ 中的 3D 超平面上,且坐标的最后一项为 1。该超平面与 3D 仿射空间同构,因此投影变换后的点保持共线。

11.3 远近关系

使用式(11.1)的投影矩阵时,z_n 的计算可能存在数值上的困难。当 z_e 趋向于 0 时,z_n 值会趋于无穷大。相反,离眼睛很远的点的 z_n 值将趋近于 0。由于精度有限,两个这样远的点的 z_n 将难以区分,因此 z 缓冲器无法区分哪个更接近眼睛。

在计算机图形学中,通常使用更一般的 $[0,0,\alpha,\beta]$ 替换式(11.1)中矩阵的第三行来解决该问题。再次说明,如果值 α 和 β 都为正,则投影变换将保留点的 z 顺序(假设其 z_e 值均为负),这一点很容易验证。

为确定 α 和 β,首先确定近(**near**)平面的深度值 n 和远(**far**)平面的深度值 f(均为负),使得我们主要关注 $z_e=n$ 和 $z_e=f$ 之间的场景区域。确定这两个值后,令 $\alpha=\dfrac{f+n}{f-n}$,$\beta=-\dfrac{2fn}{f-n}$。现可证明 $z_e=f$ 的点将映射至 $z_n=-1$ 的点,且 $z_e=n$ 的点将映射至 $z_e=1$

的点(见图 11.5 和图 11.6)。OpenGL 将裁剪并忽略不在此范围 $[\mathrm{near},\cdots,\mathrm{far}]$ 内的几何体(裁剪将在 12.1 节介绍)。

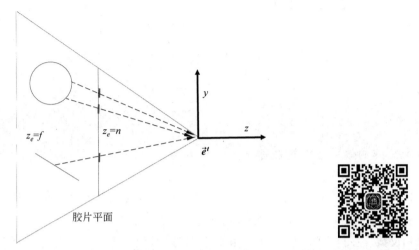

图 11.5 在相机模型中确定近平面和远平面(以绿色显示),将胶片平面视为在近平面上

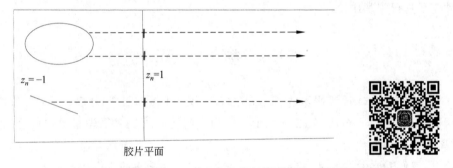

图 11.6 使用式(11.2)对图 11.5 的几何体进行投影变换。近平面映射至 $z_n=1$, 而远平面映射至 $z_n=-1$

结合式(10.5)的投影矩阵,可得以下矩阵

$$
\begin{bmatrix}
\dfrac{1}{\alpha\tan\left(\dfrac{\theta}{2}\right)} & 0 & 0 & 0 \\[3ex]
0 & \dfrac{1}{\tan\left(\dfrac{\theta}{2}\right)} & 0 & 0 \\[3ex]
- & - & \dfrac{f+n}{f-n} & -\dfrac{2fn}{f-n} \\[2ex]
0 & 0 & -1 & 0
\end{bmatrix}
$$

另外，结合式(10.6)的投影矩阵，并使用近平面以及标量 l,r,b,t 定义边界矩形，可得以下视截体的投影矩阵

$$\begin{bmatrix} -\dfrac{2n}{r-l} & 0 & \dfrac{r+l}{r-l} & 0 \\ 0 & -\dfrac{2n}{t-b} & \dfrac{t+b}{t-b} & 0 \\ 0 & 0 & \dfrac{f+n}{f-n} & -\dfrac{2fn}{f-n} \\ 0 & 0 & -1 & 0 \end{bmatrix} \tag{11.2}$$

该投影矩阵的效果是将视截体映射至角点为 $[-1,-1,-1]'$ 和 $[1,1,1]'$ 的规范方形。

由于各种历史原因，一些文献和 OpenGL 文档中会出现该矩阵的一些变体。例如，一些方法将 n 视为对象到近平面的**距离**（**distance**），并因此为正。还有一些方法对矩阵第三行的项取相反数。在得到的（左手）归一化设备坐标中，较近意味着 z_n 较小。因为我们不取相反数，所以须通过调用函数 glDepthFunc(GL_GREATER)来明确告诉 OpenGL 使用哪种符号进行深度比较。

11.4　编　程

在 OpenGL 中，通过调用函数 glEnable(GL_DEPTH_TEST)开启 z 缓冲。我们仍需调用函数 glDepthFunc(GL_GREATER)，因为我们使用的是右手坐标系，"负值越大"意味着"离眼睛越远"。

综上，我们需要做的就是编写以下两个函数，并返回合适的投影矩阵：

Matrix4 makeProjection(double minfov, double aspectratio, double zNear, double zFar)

Matrix4 makeProjection(double top, double bottom, double left, double right, double zNear, double ZFar)

然后，通过以下函数将投影矩阵发送至顶点着色器中适当命名的矩阵变量：

sendProjectionMatrix(projmat)

本书网站提供了这些函数代码。实际上，投影矩阵的乘法在顶点着色器中完成，参见6.3 节。

习　　题

11.1　假设有两个三角形，其中一个三角形中离 z 轴最近的顶点，比另一个三角形中离 z 轴最远的顶点更远。如果开启 z 缓冲，并在三角形内部对 z_e 线性插值，生成的图像是否具有正确的遮挡关系呢？

11.2　基于式(11.2)的投影矩阵 $\boldsymbol{P}$，假设用 $\boldsymbol{PQ}$ 代替 $\boldsymbol{P}$，其中

$$\boldsymbol{Q} = \begin{bmatrix} 3 & 0 & 0 & 0 \\ 0 & 3 & 0 & 0 \\ 0 & 0 & 3 & 0 \\ 0 & 0 & 0 & 1 \end{bmatrix}$$

求对结果图像的影响。

11.3　基于式(11.2)的投影矩阵 $\boldsymbol{P}$，假设用 $\boldsymbol{PS}$ 代替 $\boldsymbol{P}$，其中

$$\boldsymbol{S} = \begin{bmatrix} 3 & 0 & 0 & 0 \\ 0 & 3 & 0 & 0 \\ 0 & 0 & 3 & 0 \\ 0 & 0 & 0 & 3 \end{bmatrix}$$

求对结果图像的影响。

11.4　基于习题 11.2，假设用 $\boldsymbol{QP}$ 代替 $\boldsymbol{P}$，求对结果图像的影响。

第 12 章

从顶点到像素

一旦确定三角形顶点,并将其传递至顶点着色器后,OpenGL 将进行一组固定的处理流程,包括确定三角形在屏幕上的显示位置、三角形内部的像素,以及每个像素可变变量合适的内插值,然后将这些数据传递给用户定义的片元着色器进行更多处理,从而确定最终颜色。本章将介绍三角形从顶点到像素的过程,不会涵盖所有细节,但会详细介绍最有趣的部分。图 12.1 将本章介绍的步骤呈现至渲染流程中。本章和下一章均将涉及仿射函数的一些基本性质,相关内容可参见附录 B。

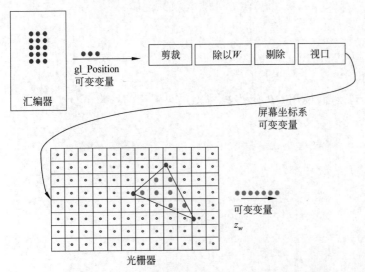

图 12.1 基于本章介绍的步骤补充渲染流程(与图 1.3 比较)

12.1 裁　剪

裁剪阶段的工作是处理完全或部分位于视锥体外的三角形,希望通过舍弃未看到的几何体来减少计算量。但更重要的原因是,通过裁剪可以避免绘制跨越平面 $z_e = 0$ 的三角形(即在眼睛前方和后方延伸)带来的问题。

在图 12.2 中（在 x 方向进行压缩以简化绘图），有一个单独的几何片段（在 3D 中是一个三角形），其中有一个顶点在眼睛前方，一个在眼睛后方。假设用第 10 章的投影相机变换，前方顶点将投影至靠近图像底部的图像点，后方顶点将投影至靠近图像顶部的图像点。

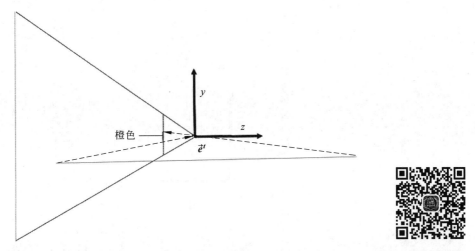

图 12.2　在该场景中，橙色平面分别在眼睛前后方延伸。其顶点投影至图像平面，如虚线所示。如果直接填充投影顶点之间的像素，将得到错误的图像

如果在屏幕上直接绘制位于这些投影顶点**之间**（**between**）的像素，绘制区域将会是错误的。正确的渲染过程应为由投影后的位置更接近图像底部的平面顶点开始绘制像素，直至投影后的位置抵达图像底部，如图 12.3。

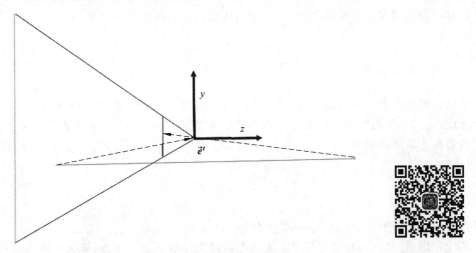

图 12.3　正确方法应该是由投影后的位置更接近图像底部的平面顶点（视野前方的点）开始绘制像素，直至投影后的位置抵达图像底部

计算机图形学中，解决该问题最简单的方法是首先改变场景几何形状，用不跨越眼睛的小三角形替换这些跨越的三角形（见图 12.4），该步骤称为**裁剪**（**clipping**）。特别地，将每个三角形裁剪到由近平面，远平面以及"左、右、顶和底部"图像边界表示的视截体中。

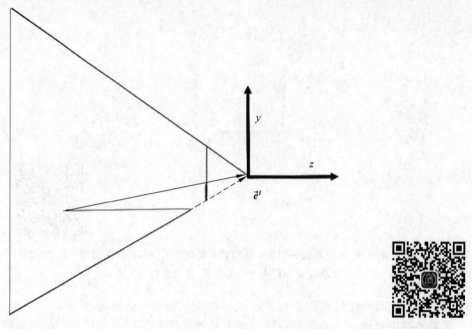

图 12.4　通过裁剪橙色片段，将其替换为不会离开视锥体的更小部分，完成正确绘制

还有一些可以避免几何裁剪的方法，感兴趣的读者可参阅参考文献[52]。

12.1.1　选择坐标系

可以在眼坐标系中进行裁剪，但该过程需要知道相机投影的参数，不太方便。

相反，在归一化设备坐标系中进行测试将非常规范：如果三角形从未离开规范方形，我们就会得到满意的结果：

$$-1 < x_n < 1 \tag{12.1}$$
$$-1 < y_n < 1 \tag{12.2}$$
$$-1 < z_n < 1 \tag{12.3}$$

但计算归一化设备坐标时，会产生麻烦的翻转。

在计算机图形学中，通常的解决方案是在裁剪坐标系下进行裁剪，如前所述。在该坐标系中，将式（12.1）的规范条件转化如下

$$-w_c < x_c < w_c$$
$$-w_c < y_c < w_c$$

$$-w_c < z_c < w_c$$

由于尚未进行除法,因此暂无翻转,已将 3D 观察空间的三角形映射至 4D 裁剪空间。

12.1.2　更新变量

此处不涉及裁剪部分的代码,感兴趣的读者可以参阅参考文献[5]。该过程在三角形的某边通过视锥体处通常会产生"新"顶点。下面将分析与这些新顶点相关的变量。

在裁剪坐标系中计算新顶点,因此它具有一个新的 4D 裁剪坐标 $[x_c, y_c, z_c, w_c]'$。每个新顶点与原始顶点相同,与每个可变变量关联一组值。

所有可变变量表示关于对象坐标系 (x_0, y_0, z_0) 的仿射函数,因此,基于附录 B.5 的推理,这些变量也是关于 (x_c, y_c, z_c, w_c) 的仿射函数。因此,如果新顶点可以由两个三角形顶点距离的某比例 α 表示,则可用"路径的 α"插值两顶点的可变变量,并用这些新值来设置该顶点的可变变量。

12.2　背面剔除

假设使用三角形绘制一个封闭对象,例如立方体。将每个三角形的两面标记为"正面"或"背面"。无论如何转动立方体,都不会看到任何三角形的背面,因为它一定会被某个正在观察其正面的三角形遮挡(见图 12.5)。因此,可以尽快**剔除**(**cull**)这些背向多边形,完全不绘制它们。当对象不封闭时,可能看到三角形的两面。在这种情况下,背面剔除不适用。

在 OpenGL 中,通过调用 glEnable(GL_CULL_FACE)开启背面剔除。对于每个面,需以某种方式告诉 OpenGL 哪一侧是正面,哪一侧是背面。为此约定三角形的顶点顺序:当顶点以逆时针(CCW)排列时,该面是正面。绘制每个三角形时,在顶点缓冲区对象中使用这种顶点顺序。

通过使用顶点的归一化设备坐标,OpenGL 可以轻松确定当前图像中观察的三角形面(见图 12.6)。接下来介绍该方法。设 $\tilde{p}_1$、$\tilde{p}_2$ 和 $\tilde{p}_3$ 是投影至平面 $(x_n, y_n, 0)$ 的三角形的三个顶点,定义向量 $a = \tilde{p}_3 - \tilde{p}_2$ 和 $b = \tilde{p}_1 - \tilde{p}_2$。接着计算叉乘 $c = a \times b$。如果三个顶点在平面上以逆时针排列,则 c 与 $-z_n$ 方向一致,否则将与 z_n 一致。总之,需在归一化设备坐标系下计算叉乘的 z 坐标,该坐标为

$$(x_n^3 - x_n^2)(y_n^1 - y_n^2) - (y_n^3 - y_n^2)(x_n^1 - x_n^2) \tag{12.4}$$

为测试三个顶点是否以逆时针排列,只需计算式(12.4)的值,如果它是正的,则相机看到的顶点以逆时针排列。

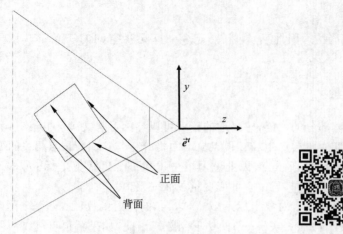

图 12.5　绘制封闭对象时,永远无法观察到面片的背面

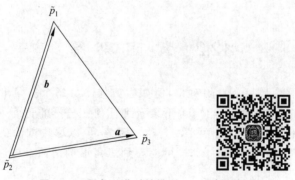

图 12.6　顶点以逆时针排列,$a \times b$ 朝向纸外

12.3　视　　口

　　接下来希望在屏幕上确定三角形的位置,以及其内部的像素。因此,需将抽象的归一化设备坐标系换成所谓的**屏幕坐标系**（**window coordinates**）,其中每个像素中心坐标均为整数,以便更自然地进行后续计算。

　　回想一下,在归一化设备坐标系中,图像范围是规范方形,左下角位于 $[-1,-1]'$,右上角位于 $[1,1]'$。现假设屏幕宽为 W 像素,高为 H 像素,左下角像素中心的 2D 屏幕坐标为 $[0,0]'$,右上角像素中心的 2D 屏幕坐标为 $[W-1,H-1]'$。将每个像素视为由中心在其上、下、左、右方向上各延伸 0.5 个像素单位形成的区域,即 1×1 的正方形,其中心坐标为整数。因此,所有像素覆盖的 2D 屏幕矩形的左下角位于 $[-0.5,-0.5]'$,右上角位于 $[W-0.5,H-0.5]'$（见图 12.7）。

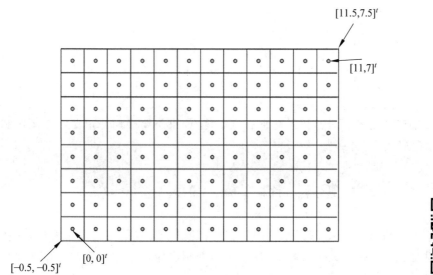

图 12.7　一张图像的屏幕坐标系几何示意图，宽为 12 像素，高为 8 像素

现只需在垂直和水平方向上进行适当的缩放和平移变换，从而将规范方形映射至屏幕矩形。可验证以下矩阵即为（唯一）解：

$$
\begin{bmatrix} x_w \\ y_w \\ z_w \\ 1 \end{bmatrix} = \begin{bmatrix} \dfrac{W}{2} & 0 & 0 & \dfrac{W-1}{2} \\ 0 & \dfrac{H}{2} & 0 & \dfrac{H-1}{2} \\ 0 & 0 & \dfrac{1}{2} & \dfrac{1}{2} \\ 0 & 0 & 0 & 1 \end{bmatrix} \begin{bmatrix} x_n \\ y_n \\ z_n \\ 1 \end{bmatrix}
\tag{12.5}
$$

将该矩阵称为**视口矩阵（viewport matrix）**，可实现视口变换。在 OpenGL 中，调用 glViewport(0,0,W,H) 设置该视口矩阵（OpenGL 文档中经常使用一个等价模型：将屏幕的 x，y 的坐标区间定义为从 $[0,0]^t$ 到 $[W,H]^t$，每个像素中心拥有半整数坐标，这与我们使用的矩阵和坐标不同）。

为方便处理，通过该矩阵的第三行将 z_n 的取值区间 $[-1..1]$ 映射至区间 $[0..1]$，并约定 $z_w=0$ 在远处，$z_w=1$ 在近处。因此在清空 z 缓冲区时，我们须同样告诉 OpenGL，将其设为 0，这由调用函数 glClearDepth(0.0) 完成。

12.3.1　纹理视口

由于某些原因，纹理的抽象区域并非规范方形，而是在纹理坐标系 $[x_t, y_t]^t$ 下的**单位正方形（unit square）**，其左下角位于 $[0,0]^t$，右上角位于 $[1,1]^t$。再次假设纹理图像的宽度为 W 像素，高度为 H 像素，在这种情况下坐标变换矩阵是

$$\begin{bmatrix} x_w \\ y_w \\ \hline 1 \end{bmatrix} = \begin{bmatrix} W & 0 & 0 & \dfrac{-1}{2} \\ 0 & H & 0 & \dfrac{-1}{2} \\ \hline 0 & 0 & 0 & 1 \end{bmatrix} \begin{bmatrix} x_t \\ y_t \\ \hline 1 \end{bmatrix} \tag{12.6}$$

将这些 1/2 细节和之前的内容联系起来有点难,但如果想要确切知道像素在图像和纹理中的位置,了解它们十分必要。

12.4 光 栅 化

光栅化是获取三角形顶点以及填充像素的过程。从三个顶点的屏幕坐标开始,光栅器需要确定哪些像素中心位于三角形内部(16.3 节将介绍在像素区域内使用大量样本来确定颜色的方法)。

有许多方法可以在软件或硬件中完成光栅化,例如图 12.8 显示的简单、直接方法,将屏幕上的每个三角形定义为三个半空间的交集。每个这样的半空间由与三角形的一条边重合的直线划分,并且可用下述形式的"边函数"对像素进行测试

$$\text{edge} = a\,x_w + b\,y_w + c$$

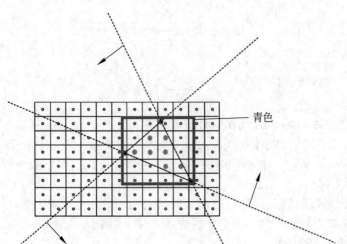

青色

图 12.8 将一个三角形视为 3 个半空间(虚线)的交集,每一个半空间都由一个线性函数定义,可根据这三个函数验证每个像素,只需测试与三角形轴心(译者注:三角形的顶点,即每两个线性函数的交点)对齐(译者注:与该点所在的水平或垂直线对齐)的包围盒(青色)内的像素

其中,常数(a,b,c)取决于边的形状,如果该函数在坐标为$[x_w,y_w]^t$的像素处的值为正,

则该像素在对应的半空间内。如果所有三个测试都为正,则像素位于三角形内。

这种方法可通过多种方式加速。例如,可用三个顶点的 x_w 和 y_w 最值确定三角形的边界框,从而仅测试边界框内的像素。此外,为减少测试像素是否在三角形内的次数,有一些简单的保守测试的设计方案,用于检查整个像素块是否完全在三角内部或者外部,当该测试结果不确定时,才需测试单个像素。另一种优化方法为,一旦在一个像素上评估线性函数,就可以**递增地**(**incrementally**)在相邻像素上评估。例如,在水平方向上移动一个像素坐标时,只需将边函数的值增加 a。

作为光栅化的输入,为每个顶点关联一些辅助数据,包括一个 z_w 值,以及与可变变量不同但相关的其他数据(参见第 13 章)。光栅器的工作同样包括在三角形上对这些数据进行线性插值。

每个待插值的 v 可由如下仿射函数表示

$$v = a\,x_w + b\,y_w + c \tag{12.7}$$

通过附录 B 中的式(B.2)确定常数 (a,b,c),光栅器可计算每个像素处的仿射函数值,其本质与前述的边测试函数计算相同。

光栅化过程中,需谨慎处理边界。特别是,假设网格中的两个三角形关于一条边相邻,且该边恰好投影至一个像素,如果不绘制该像素,则投影后的网格将出现空隙。如果绘制两次,且开启 Alpha 混合(参见 16.4 节)来建模透明度时,则可能出现问题,须仔细执行边界规则以确保这样的像素仅由这对三角形绘制一次。

直线和曲线光栅化与三角形光栅化有关。在这种情况下,不是在求解诸如三角形等 2D 形状的"内部"像素,而是求解"临近"1D 形状的像素。因此定义这个问题有些难度,本书不涉及相关内容,感兴趣的读者可参阅参考文献[5]。

习　题

12.1 假设在 6.3 节的顶点着色器的最后添加以下代码:gl_Position = gl_Position/gl_Position.w;,求对裁剪结果的影响。

12.2 给定纹理像素的整数索引 (i,j),求对应的抽象纹理坐标系 $[x_t,y_t]^t$(在单位正方形内)的公式。

12.3 基于式(12.5)的视口矩阵 $\boldsymbol{V}$,假设使用 $\boldsymbol{QV}$ 替换 $\boldsymbol{V}$,其中

$$\boldsymbol{Q} = \begin{bmatrix} 3 & 0 & 0 & 0 \\ 0 & 3 & 0 & 0 \\ 0 & 0 & 1 & 0 \\ 0 & 0 & 0 & 1 \end{bmatrix}$$

求对结果图像的影响。

12.4 使用式(B.2)求解光栅化中边函数的系数。

第 13 章
可变变量

为表示函数在三角形上的变化,需将可变变量从三角形的顶点插值到其内部的每个像素。本章将探讨如何正确地完成此操作。令人惊讶的是,该步骤看上去简单实际上有些复杂。在进入本章之前,建议读者先熟悉附录 B 的内容。

13.1 引出纹理拼接异常问题

在图 11.4 中,可知无法通过线性插值确定一个点准确的 z_c 值。另外,在将棋盘图案映射到立方体的 $+z$ 面的简单例子中(见图 13.1),该面由两个三角形组成,通过关联每个顶点的纹理坐标 $[x_t, y_t]'$,将适当的一半棋盘图像(三角形)粘贴至每个三角形。在三角形内部,将 $[x_t, y_t]'$ 确定为三角形上唯一的插值函数,该函数是关于 (x_o, y_o, z_o) 的仿射函数。这些插值后的纹理坐标之后可用于从纹理图像中的获取该点的颜色数据。第 15 章将更全面地介绍纹理映射及其变体。

如果正视立方体的 $+z$ 面,屏幕适当的部分看上去应与原始棋盘图像相同。如果该面远离我们(见图 13.1),则期望看到"透视"效果;棋盘上较远的方块应显得更小,且对象空间中的平行线在图像中将会聚于一个消失点。

图 13.1　棋盘图像正确地映射至立方体面

OpenGL 是如何获得正确图像的呢？假设简单地通过在屏幕上线性插值来确定像素的 $[x_t, y_t]^t$。接着，当我们通过屏幕上的某固定的 2D 位移向量移动时，纹理坐标将由纹理坐标系下某固定的 2D 位移向量更新。在这种情况下，纹理中的所有正方形将映射至相同大小的平行四边形，这会得到错误的图像（见图 13.2）。此外，由于立方体面的两个三角形均不正确，所以会导致纹理拼接的异常。

图 13.2 在屏幕坐标系下对纹理坐标线性插值得到的错误图像

13.2 有理线性插值

出现以上问题，是因为期望的纹理坐标函数并非屏幕变量(x_w, y_w)上的仿射函数。如果用线性插值来混合屏幕上的值，即将其当作仿射函数处理，则会得到错误的答案。

为找出插值这些数据的正确方法，可按如下方式推导。

回想一下，给定模型视图矩阵 M 和投影矩阵 P，对于三角形上的每个点，其归一化设备坐标与对象坐标系的关系如下：

$$\begin{bmatrix} x_n w_n \\ y_n w_n \\ z_n w_n \\ w_n \end{bmatrix} = PM \begin{bmatrix} x_o \\ y_o \\ z_o \\ 1 \end{bmatrix}$$

对矩阵取逆，这意味着在三角形的每个点上，均可得到：

$$\begin{bmatrix} x_o \\ y_o \\ z_o \\ 1 \end{bmatrix} = M^{-1} P^{-1} \begin{bmatrix} x_n w_n \\ y_n w_n \\ z_n w_n \\ w_n \end{bmatrix}$$

现假设 v 是关于 (x_o, y_o, z_o) 的仿射函数（例如纹理坐标 x_t）。因为常函数 1 显然也是

关于 (x_o, y_o, z_o) 的仿射函数。因此,存在某个 (a, b, c, d),使得

$$
\begin{bmatrix} v \\ 1 \end{bmatrix} = \begin{bmatrix} a & b & c & d \\ 0 & 0 & 0 & 1 \end{bmatrix} \begin{bmatrix} x_o \\ y_o \\ z_o \\ 1 \end{bmatrix}
$$

因此存在某些 $[e..l]$ 值,使得

$$
\begin{bmatrix} v \\ 1 \end{bmatrix} = \begin{bmatrix} a & b & c & d \\ 0 & 0 & 0 & 1 \end{bmatrix} \boldsymbol{M}^{-1} \boldsymbol{P}^{-1} \begin{bmatrix} x_n w_n \\ y_n w_n \\ z_n w_n \\ w_n \end{bmatrix} = \begin{bmatrix} e & f & g & h \\ i & j & k & l \end{bmatrix} \begin{bmatrix} x_n w_n \\ y_n w_n \\ z_n w_n \\ w_n \end{bmatrix}
$$

等式两边同时除以 w_n,可得

$$
\begin{bmatrix} \frac{v}{w_n} \\ \frac{1}{w_n} \end{bmatrix} = \begin{bmatrix} e & f & g & h \\ i & j & k & l \end{bmatrix} \begin{bmatrix} x_n \\ y_n \\ z_n \\ 1 \end{bmatrix}
$$

可知 $\frac{v}{w_n}$ 和 $\frac{1}{w_n}$ 是关于归一化设备坐标系的仿射函数。

已知归一化设备坐标系可由矩阵乘法(没有除法)关联到屏幕坐标系,可用 B.5 节的方法推导出 $\frac{v}{w_n}$ 和 $\frac{1}{w_n}$ 是关于屏幕坐标系 (x_w, y_w, z_w) 的仿射函数。

最后,由于初始三角形在对象坐标系下是平面的,所以我们同样是在处理屏幕坐标系下的平面对象。因此假设三角形在屏幕中具有非零区域,可应用 B.4 节的推导来消除对 z_w 的依赖。

从而得出结论: $\frac{v}{w_n}$ 和 $\frac{1}{w_n}$ 都是关于 (x_w, y_w) 的仿射函数。这是个好消息,意味着只要给定顶点处的值,便可计算其在每个像素处的值。事实上,为执行计算,甚至不必求解上述推导的特定常数值,只需每个顶点的 v 和 w_n 值。

现在可以看到,OpenGL 是如何执行正确插值来计算每个像素 v 值的。该过程称为**有理线性插值(rational linear interpolation)**。

(1) 通过顶点着色器计算每个顶点裁剪坐标和可变变量。

(2) 为每个三角形执行裁剪,该过程可能产生新的顶点。在裁剪坐标空间中进行线性插值来确定每个新顶点的裁剪坐标和可变变量值。

(3) 对于顶点上的每个可变变量 v,OpenGL 创建一个内部变量 $\frac{v}{w_n}$。另外,为每个顶点创建一个内部变量 $\frac{1}{w_n}$。

（4）对每个顶点执行除法来获得归一化设备坐标：$x_n = \dfrac{x_c}{w_c}, y_n = \dfrac{y_c}{w_c}, z_n = \dfrac{z_c}{w_c}$。

（5）将每个顶点的归一化设备坐标转换为屏幕坐标。

（6）使用坐标系 $[x_w, y_w]^t$ 确定三角形在屏幕上的位置。

（7）对于每个三角形内部的像素，使用线性插值求解 z_w，$\dfrac{v}{w_n}$（对于所有 v）和 $\dfrac{1}{w_n}$。

（8）在每个像素处，插值后的 z_w 用于 z 缓冲。

（9）对于每个像素处所有的可变变量，对插值后的内部变量执行除法以得到 $v = \left(\dfrac{v}{w_n}\right) \Big/ \left(\dfrac{1}{w_n}\right)$。

（10）将可变变量 v 传递至片元着色器。

图 13.3 展示了这些步骤的流程图。

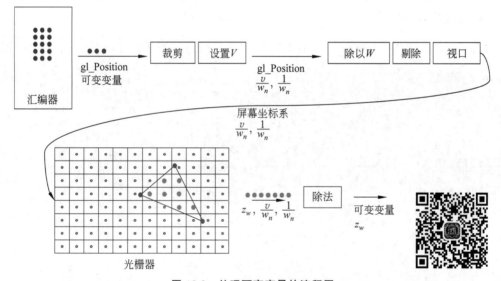

图 13.3　处理可变变量的流程图

习　　题

13.1　假设在顶点着色器的末尾添加如下代码：gl_Position = gl_Position/glPosition.w;，且所有三角形均严格位于眼睛正前方。为生成目标图像，还需在顶点和片元着色器中增加哪些额外的可变变量及代码？（自行编程练习）

13.2　假设有一个三角形是面向前方的，即其眼坐标满足以下形式

$$\begin{bmatrix} a \\ b \\ c \\ 1 \end{bmatrix}, \begin{bmatrix} d \\ e \\ c \\ 1 \end{bmatrix}, \begin{bmatrix} f \\ g \\ c \\ 1 \end{bmatrix}$$

其 z_e 均为 c。那么对可变变量进行有理线性插值与线性插值是否存在差异？

13.3   基于式(11.2)的投影矩阵 P，假设对于所有顶点，使用 PQ 替换 P，其中

$$Q = \begin{bmatrix} 3 & 0 & 0 & 0 \\ 0 & 3 & 0 & 0 \\ 0 & 0 & 3 & 0 \\ 0 & 0 & 0 & 3 \end{bmatrix}$$

求对可变变量插值结果的影响。

13.4   基于习题 13.3，假设只在三角形的**一个顶点**(at only one vertex)进行上述替换。求对可变变量插值结果的影响。

13.5   在本章中，已知在三角形上，$\dfrac{v}{w_n}$ 是关于 (x_n, y_n) 的仿射函数，并且存在某个 (a, b, c) 满足

$$\frac{v}{w_n} = \begin{bmatrix} a & b & c \end{bmatrix} \begin{bmatrix} x_n \\ y_n \\ 1 \end{bmatrix}$$

求 v 与 (x_c, y_c, w_c) 的关系。

第 四 篇
像素等相关问题

第14章

材　料

片元着色器的作用是确定三角形上一点的颜色,该点对应于图像中的单个像素。片元着色器可以访问插值后的可变变量,以及获取从用户程序以统一变量形式传递给它的数据。统一变量通常用于描述场景中光源的位置,它们不因像素的变化而变化。可变变量通常用于描述点的坐标向量(如对眼坐标系而言)、点的法向量和描述该点材质属性等参数(如其底层材料颜色)。然后,片元着色器通常会获取此数据并模拟光经此材料反射的过程,从而生成图像颜色。本章将介绍材料模拟中最常见的阴影计算,第15章会继续介绍片元着色器中的另一个主要典型计算——纹理映射。

片元着色器是一个非常丰富的主题,其核心功能是生成高真实感的计算机图像。该主题是 OpenGL 渲染的重点,建议读者了解更多相关内容,而不仅限于本书。*CG Tutorial*[19]是很好的参考书,它使用的是 **CG 着色语言**(**CG shading language**),并非本书所用的 GLSL,但几乎可以直接进行两者间的转换。另外有 *Real-Time Rendering*[2], *Digital Modeling of Material Appearance*[17]更详细地介绍了材料的相关知识。

14.1　基本假设

当光线照射到物理材料时,它会朝各种方向散射。不同材料的散射模式不同,通过眼睛或相机观察时,会产生不同的外观。一些材料看上去是有光泽的,另一些可能是粗糙的。通过模拟散射过程,为渲染后的 3D 对象提供高真实感的外观。

例如,图 14.1 显示了光线在一块 PVC 塑料的单个点上反射的过程。光线从向量 *l* 指向的方向进入。当沿塑料上面的各个方向观察时,斑点显示该点的亮度,较明亮的方向以红色显示,且斑点形状在该方向上延伸。较暗的方向以蓝色显示。注意,该图仅显示了光线沿特定方向 *l* 入射的结果。对于其他入射方向,可视化散射的斑点不同。

根据图 14.1 可知,当沿光线"反射"聚集的方向 $B(l)$ 观察时,塑料看上去最亮。特别是,大部分光线朝着入射"对面的"方向反射出来(想像一下光线在镜子上反射,或者台球在桌壁上的反弹)。给定任意向量 *w*(不一定是单位向量)和单位法向量 *n*,计算 *w* 的反射向量如下:

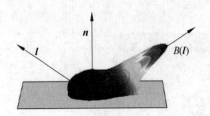

图 14.1　斑点表明光线在 PVC 塑料上反射的过程[51]

$$B(w) = 2(w \cdot n)n - w \qquad (14.1)$$

有关该式的直观推导参见图 14.2。

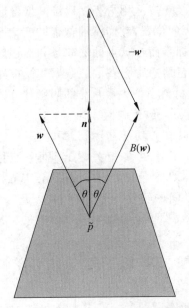

图 14.2　计算反射方向

在 OpenGL 中，通过顶点着色器逐顶点地模拟此散射过程，然后在三角形上使用可变变量，仅对最终颜色插值。为获得更高质量的外观，可花费更多功夫，即通过片元着色器对每个像素模拟此过程。本章将采用这种基于像素的方法。

为正确理解并模拟光的散射，需了解光的测量单位、光散射的实际物理特性及其模拟公式，第 21 章将详细介绍该部分。此外，在真实的物理场景中，光线沿各个方向射向表面，并在场景中经过多次反射，直至被全部吸收。第 21 章同样将介绍这些问题。本章通过引入物理驱动概念来介绍计算合理外观的更实用的方法。

假设处于图 14.3 的简单环境中，所有光线来自**光向量**（light vector）l 指向的**点光源**（**point light source**）。光线到达某个法向量为 n 的三角形上的点 $\tilde{p}$，表面法向量和指向光源的向量之间的角度为 θ。在该环境中,目的是计算沿**视向量**(**view vector**)v 反射到眼睛的光量。对于像素颜色,即 RGB 值,仅计算 RGB 的三个反射量。请注意,这种 RGB 的使用在物理上是不准确的(参见 19.5 节)。这些量后续将直接作为像素的 RGB 值。在此假设点和向量的所有坐标均在眼坐标系下。

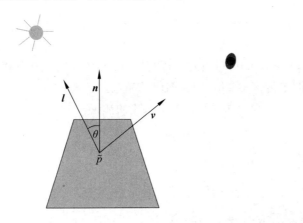

图 14.3　用向量确定点 $\tilde{p}$ 的颜色

如前所述(见图 6.1),法向量不必是平面三角几何的"真实法向量"。相反,用户可在每个顶点进行定义,并将其作为可变变量插值。通过这种方式,便可在材料模拟时,获得光滑表面,该表面具有平滑变化的法向量。

14.2　漫　反　射

漫反射材料,如粗糙的木材,沿不同方向 v 观察的亮度相同。因此,当计算漫反射表面上点的颜色时,完全无须使用向量 v。当光线从"上方"照射到它们时,漫反射材料看上去较亮,而当光线沿入射余角(译者注:入射方向与材料平面的夹角)照射时,看上去较暗。这是因为到达一小块固定大小的材料的光子量与 $\cos(\theta) = n \cdot l$ 成比例(参见第 21 章)。基于这些假设,可用如下片元着色器(参见 6.4 节)计算漫反射材料的颜色。

```
#version 330
uniform vec3 uLight;

in vec3 vColor;
in vec3 vNormal;
in vec4 vPosition;

out fragColor;
```

```
void main(){
    vec3 toLight =normalize(uLight -vec3(vPosition));
    vec3 normal =normalize(vNormal);
    float diffuse =max(0.0,dot(normal,toLight));
    vec3 intensity =vColor * diffuse;
    fragColor =vec4(intensity.x,intensity.y,intensity.z,1.0);
}
```

normalize 函数用于确保插值后的向量具有单位范数,max 函数用于避免背向光源的点颜色为负,diffuse 值用于调节传入 vColor 的表面内部颜色。

可用该着色器绘制图 5.1 的简单立方体,以及图 14.4 的卵形。

图 14.4　漫反射材料的卵形的着色结果

该着色器可轻松地以多种方式进行扩展。

(1) 在该着色器中,光线本身没有颜色,这也可通过创建另一个统一变量来简易设置。

(2) 可在代码中添加多束光线。

(3) 在现实世界中,光线会在场景中经过多次反射,因此光线会沿各个方向到达每个表面。可简单地通过将**环境**(**ambient**)的颜色常量添加至 intensity 来建模。

(4) 在一些情况下,将光线建模为沿用向量表示的方向入射可能更方便,并非来自点。在这种情况下,当建模该**方向光源**(**directional light**)时,需将向量 toLight 作为统一变量传递。

14.3　反　　光

许多材料不进行漫反射,如塑料；对于一个沿固定方向入射的光的分布,从某些方向观察时显得较亮,而其他方向较暗。由这种材料组成的圆形物体会在某些表面法向量方向"恰当"的地方出现高亮。对于特定材料,可用某种设备测量这种反射的准确形式。有时还可以使用"微表面"理论[14]预测,该理论认为材料由许多以某种统计方式相互作用的微观镜面组合而成。

一种实际中经常使用的简单方法是计算光线的反射向量 $B(l)$,然后用 v 计算其角度。当反射向量与视向量对齐时,绘制明亮的像素,否则绘制较暗的像素。

还有一种更简单的方法可以获得相同的效果,首先计算**半角向量**(**halfway vector**)

$$h = \text{normalize}(v + l)$$

接着用 n 测量其角度 ϕ(见图 14.5)。当且仅当 v 和 $B(l)$ 对齐时,向量 h 和 n 对齐。使用点积计算 ϕ 的余弦值,区间为 $[0..1]$,随着 h 和 n 的夹角增大而减小。为模拟反光材料,亮度随角度的增加而迅速下降,所以将 $\cos(\phi)$ 乘以其正幂次(如下代码中为 64 次方)。

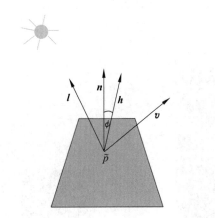

图 14.5　显示了对反光材料着色的向量

综上,可得以下着色器:

```
#version 330

uniform vec3 uLight;
in vec3 vColor;
in vec3 vNormal;
in vec4 vPosition;

out fragColor;

void main(){
    vec3 toLight =uLight -vec3(vPosition);
    vec3 toV=-normalize(vec3(vPosition));
```

```
toLight =normalize(toLight);
vec3 h =normalize(toV +toLight);
vec3 normal =normalize(vNormal);

float specular =pow(max(0.0,dot(h,normal)),64.0);
float diffuse =max(0.0,dot(normal,toLight));
vec3 intensity =vec3(0.1,0.1,0.1)+vColor * diffuse +vec3(0.6,0.6,0.6) *
specular;

fragColor =vec4(intensity.x,intensity.y,intensity.z,1.0);
}
```

因为在眼坐标系中，眼睛的位置与原点重合，所以很容易计算向量 v 的坐标（此处存储在变量 toV 中）。另请注意，在此代码中，镜面反射分量为白色，与材料颜色无关。这很符合塑料的特点，其高亮部分与入射光的颜色相匹配，与材料颜色无关。

使用该着色器绘制卵形（见图 6.1 和图 14.6）。

图 14.6　具有反光材料的卵形的着色结果

14.4　各 向 异 性

之前的两个材料模型以及许多其他模型具有**各向同性**（isotropy），即表面没有优先的"纹理"，外观仅取决于光向量、视向量和法向量之间的关系。相比之下，有一些材料，如拉丝金属，表现为**各向异性**（anisotropic），即如果将这种材料的扁平样品围绕其法向量旋转，则材料外观会发生变化。建模这种材料时，假定一个优先的切线向量 t，并将其以某种方式存储在模型中并传递给着色器（见图 14.7）。接下来将展示参考文献[42]的着色器，该着色器基于 Kajiya 和 Kay[33] 推导的方程，用于模拟具有各向异性的毛茸茸表面的光反射。它们基于表面由微小圆柱体组成的假设进行推导，本书不再赘述。

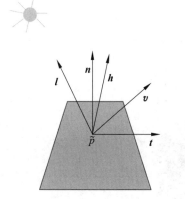

图 14.7　使用一个优先的切线方向来建模各向异性材料

```
#version 330

uniform vec3 uLight;

in vec3 vColor;
in vec3 vNormal;
in vec4 vPosition;
in vec4 vTangent;

out fragColor;

void main(void){
    vec3 toLight =normalize(uLight -vec3(vPosition));
    vec3 toV =-normalize(vec3(vPosition));
    toLight =normalize(toLight);
    vec3 h =normalize(toV +toLight);
    vec3 normal =normalize(vNormal);

    vec3 vTangent3 =vec3(pTangent);

    vTangent3=normalize(cross(vNormal,vTangent3));

    float nl =dot(normal,toLight);
    float dif =max(0, .75 * nl+.25);

    float v =dot(vTangent3,h);
    v =pow(1.0 -v * v,16.0);
```

```
        float r =pColor.r * dif +0.3 * v;
        float g =pColor.g * dif +0.3 * v;
        float b =pColor.b * dif +0.3 * v;

        fragColor =vec4(r,g,b,1);
}
```

使用该着色器渲染如图 14.8 所示的卵形。

图 14.8　各向异性卵形的着色结果

习　　题

14.1　对于计算机图形学中使用的材料仿真,本章仅是阅读和编程的起点,请读者从给出的参考文献中了解更多相关知识。

第 15 章

纹 理 映 射

  第 14 章介绍了通过光和材料之间的简单交互来计算像素颜色的方法。片元着色器计算像素颜色的第二个主要工具是通过名为**纹理**（texture）的辅助图像获取数据。本章将介绍基本的**纹理映射**（texture mapping）以及许多变体，这些技术是渲染高真实感图像的主要工具之一。

  图 15.1 是一个纹理映射的简单示例。左图的简易模型由几十个三角形组成，其中一个三角形以红色突出显示。将**纹理坐标**（texture coordinates）x_t，y_t 对应至每个三角形的各个顶点（在顶部显示）。这些坐标将每个顶点"映射"到纹理中的某个位置，然后通过在三角形内插值（在底部显示）来确定每个像素的纹理坐标。接着，片元着色器提取由其纹理坐标指向的纹理颜色，并将其发送到帧缓冲区。渲染的结果图像显示在右侧。

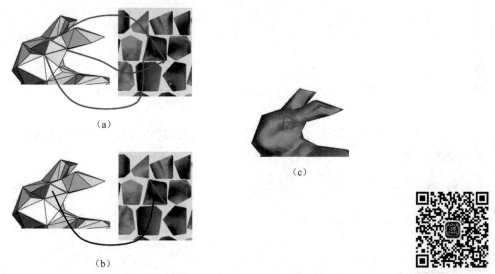

图 15.1　（a）赋予三角形的每个顶点纹理坐标 x，y，用于指向纹理图像；（b）将这些坐标逐像素地作为可变变量插值；（c）在片元着色器中，提取纹理坐标指向的颜色，并用于渲染[65]

15.1　基 本 纹 理

在基本纹理中，通过指定三个顶点的纹理坐标，简单地将一部分图像"黏合"到三角形上。在该模型中，假设每一个变量 x_t 和 y_t 都是三角形上关于对象坐标系的仿射函数。可在该黏合过程中平移和旋转(甚至缩放和剪切)纹理图像。

A.4 节介绍了加载纹理的代码，通过使用统一变量来指向期望的纹理单元，这对于在该绘制过程中的所有像素是相同的。使用可变变量存储顶点的纹理坐标，来指向纹理的某个特定 2D 位置。

在此介绍基本纹理映射所需的相关着色器。在如下示例中，顶点着色器仅将纹理坐标作为可变变量传递给片元着色器。

```
#version 330

uniform mat4 uProjMatrix;
uniform mat4 uModelViewMatrix;

in vec2 aTexCoord;
in vec4 aVertex;

out vec2 vTexCoord;

void main(){
    vTexCoord =aTexCoord;
    gl_Position =uProjMatrix * uModelViewMatrix * aVertex;
}
```

接着，如下片元着色器使用插值后的纹理坐标在纹理中查找所需的颜色数据，并设置帧缓冲区的颜色。

```
#version 330

uniform sampler2D uTexUnit0;

in vec2 vTexCoord;
out fragColor;

void main(){
    vec4 texColor0 =texture2D(uTexUnit0,vTexCoord);
    fragColor =texColor0;
```

}

　　sampler2D 类是一种特殊的 GLSL 数据类型，它占用一个 OpenGL 纹理单元。texture2D 函数用于从纹理单元取值。

　　在这个最简单的版本中，仅从纹理中获取 R、G 和 B 值并将其直接发送至帧缓冲区，还可以将纹理数据理解为诸如漫反射材料表面上点的颜色，然后将该颜色用于 14.2 节介绍的漫反射材料计算。

15.2　法 线 映 射

　　还可以用更有趣的方法表示来自纹理的数据。在**法线映射**（**normal mapping**）中，将纹理的 R、G 和 B 值视为该点法向量的三个坐标。正如第 14 章所述，该法向量数据可用于某种材料仿真的一部分（见图 15.2）。

图 15.2　**左边为茶壶模型的渲染图像。茶壶由平滑插值后的法向量着色，并显示了三角形的边。右边显示了相同表面，但通过从高分辨率纹理获取的法向量场进行渲染。用这些法向量进行照明计算，并提供高分辨率几何细节的效果[54]**

　　法向量有三个坐标值，每个坐标值都在区间 [−1..1] 内，而 RGB 纹理存储的三个坐标值区间均为 [0..1]。因此，法向量数据在存储至纹理之前，需转化为 RGB 纹理的格式，如使用 $r = normal\_x/2.0 + 0.5$。反之，片元着色器也需对该变换求逆，如使用 $normal\_x = 2r - 1$；。

15.3　环境立方体贴图

　　纹理还可用于建模渲染对象周围的**环境**（**environment**）。在这种情况下，通常使用 6 个方形纹理来表示围绕场景的大立方体的面，每个纹理像素表示沿环境中的一个方向看到的颜色，称为**立方体贴图**（**cube map**）。GLSL 为此专门提供了一个立方体纹理的数据类型 samplerCube。在一个点的着色期间，可将该点处的材料视为一个理想的镜子，并沿适当的入射方向获取环境数据，图 15.3 展示了一个例子。

图 15.3 左图将环境存储为立方体纹理,用于渲染一个蜥蜴的镜像[25]

为实现该想法,使用式(14.1)计算反射后的视向量 $B(v)$。该反射后的向量将指向可沿环境方向在镜像表面中观察到的点。通过该方向查找立方体贴图,为表面提供镜像外观。

```
#version 330
uniform samplerCube texUnit0;

in vec3 vNormal;
in vec4 vPosition;

out fragColor;

vec3 reflect(vec3 w,vec3 n){
    return -w +n *(dot(w,n)* 2.0);
}

void main(void){
    vec3 normal =normalize(vNormal);
    vec3 reflected =reflect(normalize(vec3(-vPosition)),normal);
    vec4 texColor0 =textureCube(texUnit0,reflected);

    fragColor =vec4(texColor0.r,texColor0.g,texColor0.b,1.0);
}
```

在眼坐标系下,眼睛的位置与原点重合,因此-vPosition 表示视向量 v。textureCube 是一种特殊的 GLSL 函数,其输入为一个方向向量,并返回一个颜色,该颜色以此方向存储在立方体纹理贴图中。在这段代码中,在眼坐标系下表示所有向量,因此同样假设立方体纹理代表眼坐标系下的环境数据。如果使用其他坐标系(如世界坐标系)表示立方体纹理的方向,则需将渲染点的适当坐标传递至片元着色器。

将同样的思想用于建模折射,便可生成图 22.4 的喷泉图像。

15.4　投影纹理映射

有时希望使用**投影**（projector）模型将纹理投影到三角形上，而非使用 15.1 节的仿射黏合模型。例如，可能希望模拟一个投影仪照亮空间中的某些三角形（见图 15.4）。实际中也很常见，例如，假设已用相机拍摄了建筑物外表面的照片，然后希望将其恰当地黏合在数字 3D 建筑模型上。为进行这种黏合，应该通过在相对于建筑物的相同位置放置一个虚拟投影仪来代替相机，从而反转几何成像过程（见图 15.5）。

图 15.4　将棋盘图像投影至立方体的正面和顶面

　（a）　　　　　（b）　　　　　（c）

图 15.5　（a）实际照片；（b）渲染的几何模型；（c）使用投影纹理映射渲染[15]

在**投影纹理映射**（projector texture mapping）中，使用 4×4 的模型视图矩阵 M_s 和投影矩阵 P_s 建模投影仪，定义关系如下：

$$\begin{bmatrix} x_t w_t \\ y_t w_t \\ - \\ w_t \end{bmatrix} = \boldsymbol{P}_s \boldsymbol{M}_s \begin{bmatrix} x_o \\ y_o \\ z_o \\ 1 \end{bmatrix} \qquad (15.1)$$

其中,将纹理坐标定义为 $x_t = \dfrac{x_t w_t}{w_t}$ 和 $y_t = \dfrac{y_t w_t}{w_t}$。为在对象坐标系 $[x_o, y_o, z_o, 1]^t$ 下对三角形上的点着色,获取 $[x_t, y_t]^t$ 处的纹理数据(见图 15.6)。

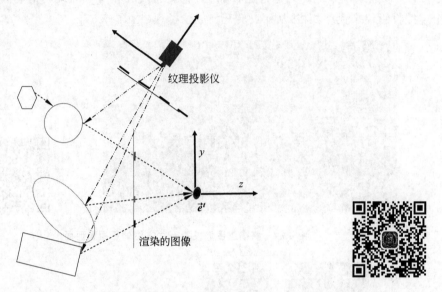

图 15.6 在投影纹理映射中,为确定眼睛观察到的点的颜色,将其映射至"投影图像"的一点。此纹理的颜色将用于为该点着色

纹理坐标除以 w_t 之后,值 x_t 和值 y_t 不再是关于 (x_o, y_o, z_o) 的仿射函数,所以无法直接使用可变变量插值。但从 B.5 节可知,$x_t w_t$,$y_t w_t$ 和 w_t 实际上都是关于 (x_o, y_o, z_o) 的仿射函数。因此可用它们作为可变变量在三角形上插值。需在片元着色器中除以 w_t 来获得实际的纹理坐标。

进行投影纹理映射时,无须将任何纹理坐标作为属性变量传递至顶点着色器。仅用已有的对象坐标系,并使用统一变量传入必要的投影矩阵,顶点着色器的相关代码如下:

```
#version 330
uniform mat4 uModelViewMatrix;
uniform mat4 uProjMatrix;

uniform mat4 uSProjMatrix;
uniform mat4 uSModelViewMatrix;
```

```
in vec4 aVertex;
out vec4 aTexCoord;

void main() {
    vTexCoord=uSProjMatrix * uSModelViewMatrix * aVertex;
    gl_Position =uProjMatrix * uModelViewMatrix * aVertex;
}
```

片元着色器的代码如下。

```
# version 330

uniform sampler2D vTexUnit0;

in vec4 vTexCoord;
out fragColor

void main(void) {
    vec2 tex2;
    tex2.x =vTexCoord.x/vTexCoord.w;
    tex2.y =vTexCoord.y/vTexCoord.w;
    vec4 texColor0 =texture2D(vTexUnit0,tex2);
    fragColor=texColor0;
}
```

为生成图 15.4 的图像,还需在顶点着色器中计算在投影仪的"眼睛"坐标系下每个顶点的法向量。然后将漫反射光照方程添加到片元着色器中来调整纹理颜色。因此,图像中的顶面比最右边的面暗。

OpenGL 提供了特殊的 texture2DProj(vTexUnit0,pTexCoord)函数,这有助于进行除法运算。但在计算投影矩阵 uSProjMatrix 时,需处理以下情况(如 12.3.1 节所述)。OpenGL 中的规范纹理图像域是**单位正方形**(**unit square**),其左下角和右下角坐标分别为 $[0,0]^t$ 和 $[1,1]^t$,而非显示屏的**规范方形**(**canonical square**)(从 $[-1,-1]^t$ 到 $[1,1]^t$)。因此,传递至顶点着色器的适当的投影矩阵需满足以下形式 makeTranslation(Cvec3 $(0.5,0.5,0.5)$) $*$ makeScale(Cvec3 $(0.5,0.5,1)$) $*$ makeProjection(…)。

15.5 多 通 道

为场景几何开启多个渲染通道可获得更有趣的渲染效果。在这种方法中,除最终传递的结果外的所有中间结果均为离线存储,而非绘制到屏幕上。为此,数据将渲染至帧缓存对象 frameBufferObject 或 FBO。之后将 FBO 数据加载为纹理,作为下一个渲染通道的输入。读者可从参考文献［53］开始，学习 FBO 的编程细节。

15.5.1　反射映射

反射映射（reflection mapping）是多通道渲染的一个简单例子。在这种情况下，我们希望某个渲染对象如同镜子，并反射场景的其余部分。为实现这一点，首先渲染沿镜面的对象中心观察到的其余场景。由于场景是 360°环绕的，需渲染 6 张图像，分别沿所选视点向右、左、前、后、上和下观察。其中每张图像的垂直和水平视角均为 90°。

然后，将数据传输到立方体贴图。现可用 15.3 节中的立方体贴图着色器渲染镜面对象（见图 15.7 和图 15.8）。该计算并不完全正确，因为环境贴图仅存储**沿一个点**（**from one point only**）观察到的场景视图，而真实反射需从对象的每个点获得反射光（见图 15.9）。尽管如此，对于要求不高的使用，反射映射很有效。

图 15.7　在反射映射中，首先将场景（地板和立方体）渲染至立方体贴图，然后将其作为环境贴图渲染镜面球体

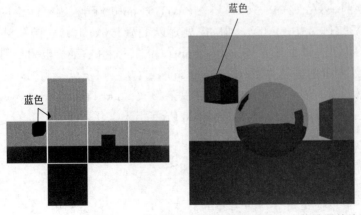

图 15.8　移动蓝色立方体，重新创建立方体贴图并绘制图像

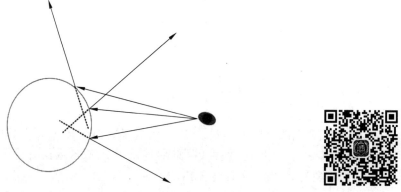

图 15.9　为正确绘制镜面球体,需跟踪一组反射光线,它们不全相交于一点

15.5.2　阴影映射

在第 14 章的简单材料计算中,点的颜色计算不依赖于场景中的任何其他几何体。当然,在现实世界中,如果表面点和光源之间有遮挡物体,则该点将处于阴影中并因此变暗。这种效果即为**阴影映射**(**shadow mapping**),可由多通道技术进行仿真。首先以光源的视角创建并存储 z 缓冲图像,然后将我们看到的内容与光源看到的进行比较(见图 15.10)。如果一点被眼睛观察到而未被光源观察到,则其中一定存在遮挡物体,绘制该点时应将其视为处于阴影中。

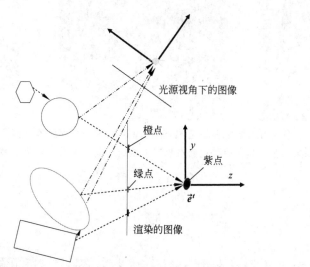

图 15.10　在阴影映射中,首先渲染一张光源视角下的(FBO)图像,仅在其中存储深度值。在第二个通道中,渲染眼睛视角下的场景。与投影仪纹理的原理相同,将眼睛观察到的每个点的深度与光源视角下的进行比较。如果一致(如橙点和绿点所示),则光源可以看到该点,我们对其进行相应着色。如果不一致(如紫点所示),则无法观察到该点,即其位于阴影中,需以不同方式着色

在第一个通道中,将某相机观察到的场景渲染至 FBO,该相机原点与点光源的位置相同。对于某矩阵 $\boldsymbol{P}_s$ 和 $\boldsymbol{M}_s$,以如下方式建模相机变换:

$$\begin{bmatrix} x_t\,w_t \\ y_t\,w_t \\ z_t\,w_t \\ w_t \end{bmatrix} = \boldsymbol{P}_s \boldsymbol{M}_s \begin{bmatrix} x_o \\ y_o \\ z_o \\ 1 \end{bmatrix}$$

在此期间,使用模型视图矩阵 $\boldsymbol{M}_s$,投影矩阵 $\boldsymbol{P}_s$ 将场景渲染至 FBO。FBO 中存储的并非点的颜色,而是其 z_t 值。由于 z 缓冲,存储在 FBO 中的像素数据表示在相应视线上**最接近光源的几何对象**的 z_t 值。之后将该 FBO 传递至纹理。

在第二个渲染通道中,渲染眼睛视角下的图像,对于每个像素,我们检查观测点可否同样对光源可见,还是被某个光源视角下更近的对象遮挡。为此使用与 15.4 节投影纹理映射相同的计算,便可在片元着色器中获得点 $[x_o, y_o, z_o, 1]^t$ 的可变变量 x_t、y_t 和 z_t。接着,将该 z_t 值与纹理中 $[x_t, y_t]^t$ 处存储的 z_t 值进行比较。如果一致(允许小范围误差),则观测点同样对光源可见,即不在阴影中,可相应地着色。相反,如果不一致,则该点在光源图像中被遮挡,即位于阴影中,需以不同方式着色(见图 15.11)。

图 15.11 在阴影映射中,首先在光源的视角下渲染场景(参见左图),将深度值存储至纹理。在第二个通道中,光源纹理数据用于确定表面点是否直接对光源可见。渲染后的最终图像如右图所示

习 题

15.1 本章仅是众多阅读和编程的起点,尝试实现法线、环境、反射和阴影映射。

第 16 章

采　　样

下面将更多地关注处理图像的方法。目前为止，我们已经使用了两种图像模型，离散的(也称为数字的)和连续的。接下来的章节将更密切地研究这两种模型，并讨论在离散和连续模型之间互相切换的合适方法。

本章将关注在计算机图形学中创建数字图像时可能出现的各种视觉瑕疵。这些瑕疵包括分散在三角形边界处的锯齿状图案，即**走样(aliasing)**。在某种意义上，当单个像素的视觉复杂度过高时，就可能产生锯齿。在这种情况下，仅通过图像中单个点的位置来确定像素的颜色值时，就可能得到不太理想的结果。这些瑕疵可能通过平均像素正方形内的样本颜色来减轻，该过程被称为**反走样(anti-aliasing)**。

16.1　两种模型

连续图像(continuous image) $I(x_w, y_w)$ 是一个双变量函数。如 12.3 节所讲，函数的域 $\Omega = [-0.5..W-0.5] \times [-0.5..H-0.5]$ 对应于 2D 屏幕坐标 $[x_w, y_w]^t$ (除非需要，本章剩余部分和下一章中将忽略下标 w)。函数的范围是一个颜色空间，在此处为 RGB(线性)颜色空间。

离散图像(discrete image) $I[i][j]$ 是颜色值的一个 2D 数组，数组中的每个条目被称为一个像素。数组的宽度为 W，高度为 H，所以整数 i 的区间是 $[0..W-1]$，整数 j 的区间是 $[0..H-1]$。将整数对 i, j 对应于连续图像的坐标 $x_w = i$ 和 $y_w = j$，即图像的真实坐标恰好具有整数值。每个颜色值是表示颜色空间中一种颜色的标量三元组。同样，颜色空间使用 RGB(线性)颜色空间，而且 R、G 和 B 坐标中的每一个都是一个数值。

在 OpenGL 中，使用 3D 空间中的阴影三角形来构建一个场景。在投影下，这些三角形映射到 2D 连续图像中的彩色三角形，从而定义连续图像。最终，在显示器上显示此图像，或将其保存在一个图像文件中。因此，我们需要知道连续图像转换为离散图像的方法。

16.2　引出走样问题

将连续图像转化到离散图像的最简单明了的方法是**点采样**（**point sampling**），即为了获得像素 i,j 处的值，在单个整数值域对连续图像函数进行采样：

$$I[i][j] \leftarrow I(i,j)$$

事实证明，在许多情况下，点采样会产生瑕疵，例如，考虑由黑色和白色三角形组成的场景。当对图像进行点采样时，在白色和黑色三角形之间的边界附近，图像将显示某种阶梯状图案，即锯齿（见图 16.1）。在动画中，一些像素值将从白色突然变为黑色，锯齿状边缘图案似乎在缓慢移动，即"爬行锯齿"。

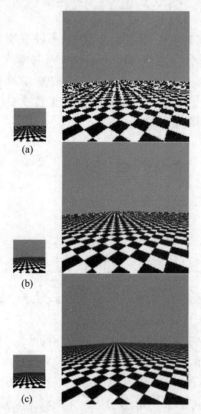

(a)

(b)

(c)

图 16.1　（a）由一堆黑色和白色的小方块绘制成的棋盘格（这里没有使用纹理映射）。为了更清晰地显示像素点上的颜色，右侧展示了放大的效果。在方形的边缘存在锯齿，在远处观察时可看到莫尔条纹；（b）在 OpenGL 中使用多重采样创建图像，图像质量有了显著改善；（c）使用高采样率进行超级采样，从而离线创建的理想的图像效果

当处理非常小的三角形时,会产生其他瑕疵。例如正在渲染一群斑马的图像(或远处棋盘上的小黑白方块)。假设其中一匹斑马在背景中较远的地方,远到它只涵盖了一个像素,则那个像素会是什么颜色?如果采样点碰巧落在黑色三角形上,则像素将为黑色,而如果它恰好落在白色三角形上,则像素将为白色(见图 16.2)。如果运气不好,则会产生"莫尔(moire)"条纹(见图 16.1)。在动画中,如果斑马移动,这些像素将呈现黑白变化的图案,即"闪烁"。如果将高度密集的纹理映射到屏幕上一块很小的区域,则在纹理映射时也会出现这种瑕疵(见图 18.3)。

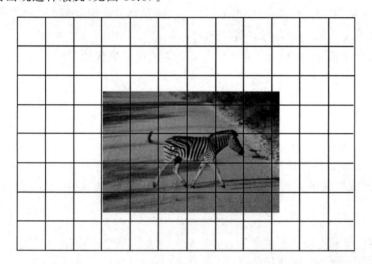

图 16.2 当连续图像具有大量高分辨率细节(如一匹斑马),并且使用
单个采样(以浅蓝显示)来确定像素值时,会得到一个无用值

当连续图像在一个小区域中具有大量细节时,会产生这些类型的错误。在斑马的例子中,连续图像在几个像素空间内包含大量斑马纹路。正因为这些锯齿状三角形存在,连续图像会出现一条锐利的边,边两侧的颜色直接变化,而不是一个渐变的过程。因为一些技术性的原因,将这类问题称为走样。

16.3 解决方法

当小区域中存在大量细节时,不太可能在离散表示中存储所有信息。但是,通过仅采用一个样本来确定像素的颜色,会使得事情变得更加糟糕,该值很可能无意义。一个看上去合理的方法是,对某块合适的区域取平均值来设置像素值。而在斑马的例子中,将像素设置为灰色可能更好。

有多种方法可以对此问题进行数学建模并寻找最佳解决方案。例如,使用"傅里叶分析",可查看哪些"频率"具有代表性,即拥有一定数量的像素,以及如何更好地处理不具有代表性的频率,相关讨论可参见参考文献[6]。从优化的角度来看,可尝试最小化原始连续图像与最终显示在屏幕上的图案之间的差异(在屏幕上绘制的每个像素的范围有限,因此可将屏幕上的图案视为合成的连续图像)。

在此不详细展开论述,但综合这些不同的方法,能够得出的结论是使用如下表达式来设置像素值较好:

$$I[i][j] \leftarrow \iint_{\Omega} dx\,dy\,I(x,y)\,F_{i,j}(x,y) \tag{16.1}$$

其中,$F_{i,j}(x,y)$ 是某个函数,表示 $[x,y]^t$ 处的连续图像值对 i,j 处像素值产生的影响强度。在该情况中,称函数 $F_{i,j}(x,y)$ 为**滤波器(filter)**。

换句话说,通过在像素附近计算连续加权平均来确定像素的最优值。实际上,这就像在点采样之前模糊连续图像以获得离散图像。称使用式(16.1)生成离散图像的过程为**抗锯齿(anti-aliasing)**。

$F_{i,j}$ 的最优选择实际上取决于建模的数学方法。理论上,这样一个最优的 $F_{i,j}$ 有多种可能,甚至可以取负值。实践中无须完全最优,所以通常会选择能够简化计算的滤波器 $F_{i,j}(x,y)$。最简单的一种选择是**盒式滤波器(box filter)**,其中 $F_{i,j}(x,y)$ 在中心为 $x=i$,$y=j$ 的 1×1 方形区域外的值均为 0。将该方形记作 $\Omega_{i,j}$,然后可以得到

$$I[i][j] \leftarrow \iint_{\Omega_{i,j}} dx\,dy\,I(x,y) \tag{16.2}$$

在这种情况下,期望得到的像素值就是像素方形域上的连续图像的平均值(见图 16.3)。

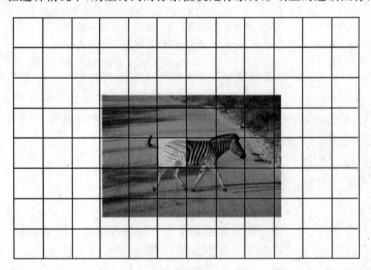

图 16.3　使用像素的方形域上的积分替换点采样,效果会更好

计算机图形学中,即使是式(16.2)的积分也很难精确计算。相反,它通过以下形式的求和式近似:

$$I[i][j] \leftarrow \frac{1}{n} \sum_{k=1}^{n} I(x_k, y_k) \tag{16.3}$$

其中 k 是某组**采样位置**(**sample locations**)(x_k, y_k)的下标。该近似称为**过采样**
(**oversampling**)(见图 16.4)。

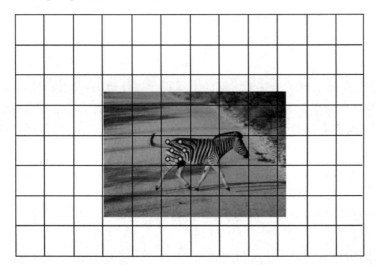

图 16.4 使用一组离散样本(本例中为 6 个)逼近真实的积分

为进行过采样,渲染器首先产生"高分辨率"颜色和 z 缓冲图像。在其中将使用**样本**
(**sample**)指代这些高分辨率像素中的每一个像素。然后,一旦光栅化完成,使用式(16.3)
取这些样本组的平均值,从而创建最终较低分辨率的图像。

若高分辨率图像的样本位置形成规则的高分辨率网格,则称该过程为**超采样**(**super
sampling**),图 16.1 显示了使用非常高的采样率进行超级采样的效果。还可以为高分辨率
"图像"选择其他采样模式(见图 16.4)。这种不太规则的模式可避免在使用式(16.3)来近
似式(16.2)时可能出现的系统误差。参考文献[12]和[49]详细介绍了此类非规则模式的
优势。

在 OpenGL 中,采样模式的细节取决于硬件,可通过 API 调用进行更改。通过在交
互式控制面板中更改硬件驱动程序的设置来更改它们更容易。

在 OpenGL 中,也可以选择进行**多重采样**(**multisampling**)。在这种情况下,类似于过
采样,OpenGL 会以一种"高分辨率"颜色和 z 缓冲的形式绘制。在每个三角形的光栅化
期间,"覆盖"和 z 值会在该样本级别上被计算。但是为了提高效率,**每个最终分辨率的像
素仅调用一次**片元着色器。该颜色数据在单个(最终分辨率)像素中的所有被三角形击中
的样本之间共享。如上所述,一旦光栅化完成,将这些高分辨率样本组一起求平均值,使
用式(16.3)来创建最终较低分辨率的图像。多重采样可以成为有效的抗锯齿方法,因为
在没有纹理映射的情况下,颜色倾向于在每个三角形上相当缓慢地变化,因此无须在高空

间分辨率下计算它们。可通过图 16.1(中部)了解在无纹理映射的情况下,使用多重采样渲染场景的效果。

为处理在纹理映射期间发生的混叠,这种方法的优势在于在渲染过程的开始时就拥有纹理图像。这发展成为专门的技术,如 18.3 节的 **mip 映射**(**mip mapping**)。在第 17 章介绍完图像重建的主题之后,将介绍纹理抗锯齿和 mip 映射。

16.3.1 实际情况

在数码相机中,通过结合每个像素传感器附近的空间积分以及镜头产生的光学模糊来实现抗锯齿。一些相机还包含了额外的光学组件,专门用于在传感器采样之前对连续图像数据进行模糊。混叠现象有时会出现在包含某些规则图案的图像中,例如粗花呢夹克。

在人类视觉中,通常不会遇到混叠瑕疵。大多数抗锯齿现象是由于光学模糊,至少在视觉的中央凹区域是这样的,这种模糊发生在光撞击受体细胞之前[78]。视网膜中感觉细胞的不规则空间布局还有助于有效地产生(随机的)空间抖动,它将明显的混叠变成不太明显的噪声。

16.3.2 反走样线

线条在理想情况下是一维的,如何绘制合适的滤波线条是一个更复杂的问题。OpenGL 中提供了平滑的线条绘制[48],在此不做展开叙述。

16.4 Alpha

假设有两个离散图像,前景是 I^f,背景是 I^b,将它们合成为一张图像 I^c。例如,将气象员的前景图片叠加在天气图的背景图像上。最明显的解决方案是从前景图片中裁剪出气象员的像素。在合成图像中,可简单地用气象员的像素点替换那些天气图的像素点。

但是这种方法会在气象员和天气图的过渡区域中留下锯齿状边界(见图 16.5 的左部)。在真实照片或使用式(16.2)渲染的图像中,气象员和天气图边界上的像素颜色将使用两者颜色的某一平均值设置。问题在于,离散图像层的每个像素只保存了一个颜色值,因此不能再计算合成后的像素颜色。

可用 Alpha 混合技术来解决此问题,其基本思想是将每个图像层中的每个像素对应一个值 $\alpha[i][j]$,来描述该像素处的图像层的整体**不透明度**(**opacity**)或**覆盖率**(**coverage**)。α 值为 1 表示完全不透明/完全占据的像素,值为 0 表示完全透明/占据为空的像素。分数数值表示半透明/部分占据的像素。例如,在气象员图像中,气象员完全覆盖的像素 α 值为 1,且其轮廓上的像素 α 值为分数,因为轮廓上的像素只被气象员部分地占据。

(a)   (b)

图 16.5 在带纹理的背景上绘制球,仔细观察球的边界。(a)使用 0/1 混合,没有其余处理;(b)使用 Alpha 混合

然后,为合成两个图像层,在每个像素处,我们使用这些 α 值组合前景色和背景色。

更具体地说,令 $I(x, y)$ 为连续图像,并且 $C(x, y)$ 表示连续坐标 (x, y) 上的二值**覆盖函数**(**coverage function**),像素"被占据"时值为 1,反之为 0。在离散图像中存储以下值

$$\mathrm{I}[i][j] \leftarrow \iint_{\Omega_{i,j}} \mathrm{d}x\,\mathrm{d}y\,I(x, y)C(x, y)$$

$$\alpha[i][j] \leftarrow \iint_{\Omega_{i,j}} \mathrm{d}x\,\mathrm{d}y\,C(x, y)$$

通常称这种格式的颜色为**预乘**(**pre-multiplied**)颜色(16.4.2 节介绍了非预乘版本)。

给定这些值,当想要在 $\mathrm{I}^b[i][j]$ 上组合 $\mathrm{I}^f[i][j]$ 时,使用下式计算合成图像颜色 $\mathrm{I}^c[i][j]$

$$\mathrm{I}^c[i][j] \leftarrow \mathrm{I}^f[i][j] + \mathrm{I}^b[i][j](1 - \alpha^f[i][j]) \tag{16.4}$$

即在一个像素处观察到的背景颜色的量与其前景层在该像素处的透明度成正比。

同样地,可计算合成图像的 α 值

$$\alpha^c[i][j] \leftarrow \alpha^f[i][j] + \alpha^b[i][j](1 - \alpha^f[i][j]) \tag{16.5}$$

通常,背景层在所有像素处均不透明,在这种情况下,合成图像也是如此。但是该式通常足以模拟两个部分不透明图像的合成,可以产生具有分数 α 值的合成图像;当处理两个以上的层时,可以被用作中间结果。

图 16.5 显示了在纹理背景的图像上合成球的前景图像的结果。在前景图像中,球的边界处的像素(右)具有分数 α 值。在得到的合成图像中,球的边界显示为前景色和背景色的混合。

称式(16.4)和式(16.5)的运算为离散二进制 over 运算。可以很容易地验证 over 运算满足结合律但不满足交换律。即,

$$I^a over(I^b over I^c) = (I^a over I^b) over I^c$$

但是，

$$I^a over I^b \neq I^b over I^a$$

16.4.1 与连续合成的比较(选读)

Alpha 混合的主要思想是将像素视为半透明对象，下面将对比离散 Alpha 混合的效果与正确消除锯齿后的连续合成图像效果。

令 C^f 表示连续前景图像 I^f 的二值覆盖函数，C^b 表示连续背景图像 I^b 的二值覆盖函数(一般来说，背景图像可以不覆盖某些点)。假设在任何点 (x,y) 处，如果 $C^f(x,y)$ 为 1，则显示前景色，如果 $C^f(x,y)$ 为 0，则显示背景色。那么，像素 i,j 处经过盒式滤波器后的抗锯齿离散图像应该是

$$I^c[i][j] \leftarrow \iint_{\Omega_{i,j}} dx dy\, I^f(x,y)\, C^f(x,y) + I^b(x,y)\, C^b(x,y) - I^b(x,y)\, C^b(x,y)\, C^f(x,y)$$

$$= \iint_{\Omega_{i,j}} dx dy\, I^f(x,y)\, C^f(x,y) + \iint_{\Omega_{i,j}} dx dy\, I^b(x,y)\, C^b(x,y) -$$

$$\iint_{\Omega_{i,j}} dx dy\, I^b(x,y)\, C^b(x,y)\, C^f(x,y)$$

将其与 Alpha 混合结果进行比较

$$I^c[i][j] \leftarrow I^f[i][j] + I^b[i][j](1 - \alpha^f[i][j])$$

$$= \iint_{\Omega_{i,j}} dx dy\, I^f(x,y)\, C^f(x,y) + \left(\iint_{\Omega_{i,j}} dx dy\, I^b(x,y)\, C^b(x,y) \right) \left(1 - \iint_{\Omega_{i,j}} dx dy\, C^f(x,y) \right)$$

$$= \iint_{\Omega_{i,j}} dx dy\, I^f(x,y)\, C^f(x,y) + \iint_{\Omega_{i,j}} dx dy\, I^b(x,y)\, C^b(x,y) -$$

$$\iint_{\Omega_{i,j}} dx dy\, I^b(x,y)\, C^b(x,y) \cdot \iint_{\Omega_{i,j}} dx dy\, C^f(x,y)$$

二者结果作差得到

$$\iint_{\Omega_{i,j}} dx dy\, I^f(x,y)\, C^b(x,y)\, C^f(x,y) - \iint_{\Omega_{i,j}} dx dy\, I^b(x,y)\, C^b(x,y) \cdot \iint_{\Omega_{i,j}} dx dy\, C^f(x,y)$$

此误差是乘积的积分与积分的乘积之间的差值。因此，我们可以认为该误差可表示某个像素前景覆盖的分布与背景数据分布之间的"相关性"。如果假设前景覆盖是均匀和随机的，则可放心地忽略该误差。

16.4.2 非预乘

在一些场景中，存储的是 $I' = I/\alpha$ 与 α，而不是 I 和 α，称为"非预乘"模式，它可以提高数据精度。当一个像素的覆盖值很小时，I 通常很小，且仅使用一个固定精度下的一些低阶比特位。非预乘模式使用存储文件格式中的所有比特位表示颜色，与覆盖值的大小

无关,但 over 运算会变得更加复杂

$$\alpha^c[i][j] \leftarrow \alpha^f[i][j] + \alpha^b[i][j](1 - \alpha^f[i][j])$$

$$I'^c[i][j] \leftarrow \frac{1}{\alpha^c[i][j]}(\alpha^f[i][j]\,I'^f[i][j] + (\alpha^b[i][j]I'^b[i][j])\,(1-\alpha^f[i][j])\,)$$

有时会遇到背景中的所有像素的 α 值都为 1 的情况,此时上式将变为

$$\alpha^c[i][j] \leftarrow 1$$

$$I'^c[i][j] \leftarrow \alpha^f[i][j]\,I'^f[i][j] + I'^b[i][j](1-\alpha^f[i][j])$$

预乘模式的一个优势是,如果想要在每个方向上将图像缩小两倍(18.3 节中的映射将需要这种操作),只需求四个 I^f 值的平均值。在非预乘模式下,该计算不会如此简单。

16.4.3　抠图

给定真实照片,不太容易分离出场景中一个对象的图像层。即使一个气象员站在蓝色屏幕前,也很容易将蓝色不透明前景像素与半透明的灰色前景像素混淆,这是目前正在研究的一个方向,参考文献[43]研究了该问题。

16.4.4　实际应用

在 OpenGL 中,α 不仅可用于图像合成,而且可更广泛地用于建模透明度和混合颜色值。在片元着色器中将 α 值指定为 fragColor 的第四项,从而组合 fragColor 与帧缓冲区中的现存数据。例如,用 α 建模(单色)透明度,通过调用函数 glEnable(GL_BLEND)开启混合,以及函数 glBlendFunc 来指定相关参数。

例如,使用 Alpha 混合绘制图 16.6 中毛茸茸的兔子。兔子由一系列"壳"绘制而成,每个壳都有一张皮毛的纹理图像。这些纹理包括 α 值,因此毛发之间的空间是半透明的。参考文献[42]介绍了该技术。

图 16.6　绘制一系列逐渐增大的兔子,每只兔子的中心相同,并且是半透明的,结果有毛茸茸的效果

在计算机图形学中，使用 α 的主要困难在于，对于不满足交换律的混合运算（例如 over 运算符），必须以特定顺序绘制对象层（如从后往前）。如果得到的对象层是无序的，并且无法调整顺序，那么无法得到理想的结果。这导致难以处理光栅化中的透明度。相较于该方法，z 缓冲区可用任何顺序绘制不透明对象。

习　　题

16.1　编写一个使用 Alpha 混合绘制毛茸球体的程序，如参考文献[42]所述。基本思想是从内到外绘制一组同心球体，每个球体使用带有小圆点的图案上的纹理，其中包括 α 值。

第17章

重　建

下面介绍一个相反的问题：给定离散图像 $I[i][j]$，如何创建连续图像 $I(x,y)$？正如我们将要看到的，该问题对于调整图像大小和纹理映射至关重要。例如，在片元着色器中，我们希望使用介于纹理像素之间的纹理坐标从纹理中获取颜色。在这种情况下，需决定使用什么纹理颜色，该过程叫做**重建**(**reconstruction**)。

17.1　常　量

假设像素的位置 (x,y) 为整数，为计算某个分数值位置处的颜色，最简单的图像重建方法是**恒定重建**(**constant reconstruction**)或**最近邻**(**nearest neighbor**)方法。该方法假设实数值的图像坐标与最接近的离散像素的颜色一致。这个方法可表示为以下伪代码：

```
color constantReconstruction(float x,float y,color image[][]){
int i = (int)(x + .5);
int j = (int)(y + .5);
return image[i][j]
}
```

(int)将实数 p 向下取整，强制转化到不大于 p 的最接近的整数。

可将此方法视为在连续域 (x,y) 上定义一个连续图像，称为恒定重建，因为最终的图像由恒定颜色的小方块组成。例如，图像在方形区域 $-0.5 < x < 0.5$ 且 $-0.5 < y < 0.5$ 的值均为 I[0][0]。每个像素的影响区域为 1×1（见图 17.1(b)）。

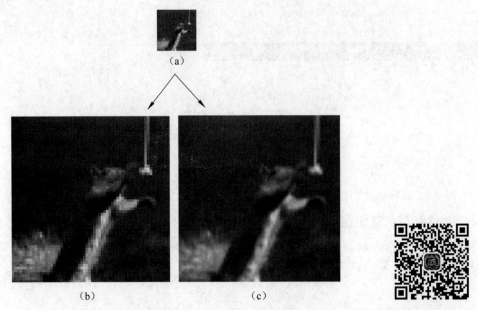

图 17.1　(a)64×64 的离散图像；(b)使用恒定重建的方法；(c)使用双线性重建的方法

17.2　双　线　性

恒定重建产生的是块状图像，为得到看起来更平滑的图像，还可用**双线性插值**（**bilinear interpolation**）的方法。双线性插值是通过同时在水平和垂直方向上进行线性插值来获得的，可用以下代码表示：

```
color bilinearReconstruction(float x,float y,color image[][]){
    int intx =(int)x;
    int inty =(int)y;
    float fracx =x -intx;
    float fracy =y -inty;
    color colorx1 =(1-fracx) * image[intx][inty] +
                   (fracx) * image[intx+1][inty];
    color colorx2 =(1-fracx) * image[intx][inty+1] +
                   (fracx) * image[intx+1][ inty+1];
    color colorxy =(1-fracy) * colorx1 +
                   (fracy) * colorx2;
    return(colorxy)
}
```

在以上代码中，首先对 x 进行线性插值，然后基于结果，对 y 进行线性插值。

在整数坐标处,可得 $I(i,j)=$ I$[i][j]$;重建的连续图像 I 与离散图像 I 相同。颜色值在整数坐标之间的坐标连续地混合,离散图像中的每个像素在不同程度上影响着连续图像的 2×2 正方形区域内的每个点,图 17.1 对恒定重建和双线性重建进行了比较。

对于某些固定的 i 和 j,当方形区域为 $i<x<i+1,j<y<j+1$ 时,可将重建表达为

$$I(i+x_f,j+y_f) \leftarrow (1-y_f)\{((1-x_f)\text{I}[i][j]+(x_f)\text{I}[i+1][j])\}+$$
$$(y_f)\{(1-x_f)\text{I}[i][j+1]+(x_f)\text{I}[i+1][j+1]\} \quad (17.1)$$

其中,x_f 和 y_f 分别是之前提到的 fracx 和 fracy,重新排列公式中的项,得到

$$I(i+x_f,j+y_f) \leftarrow \text{I}[i][j]+$$
$$(-\text{I}[i][j]+\text{I}[i+1][j])x_f+$$
$$(-\text{I}[i][j]+\text{I}[i][j+1])y_f+$$
$$(\text{I}[i][j]-\text{I}[i][j+1]-\text{I}[i+1][j]+\text{I}[i+1][j+1])x_fy_f$$

通过该方法可知,对于变量 (x_f,y_f),重建函数具有恒定、线性和双线性项,因此其对 (x,y) 也有。这就是"双线性"名称的由来。另外可知,该重建在水平和垂直方向都是对称的,因此在伪代码中先考虑水平方向的计算顺序不影响结果。

17.3 基 函 数

为了进一步了解重建方法的一般形式,接下来对式(17.1)的项重新排列,可得

$$I(i+x_f,j+y_f) \leftarrow (1-x_f-y_f+x_fy_f)\text{I}[i][j]+$$
$$(x_f-x_fy_f)\text{I}[i+1][j]+$$
$$(y_f-x_fy_f)\text{I}[i][j+1]+$$
$$(x_fy_f)\text{I}[i+1][j+1]$$

在这种形式中,可知对于一个固定位置 (x,y),连续重建得到的颜色在图像 I 的离散像素值中呈线性分布。由于这对所有的 (x,y) 都成立,所以存在某个适当的函数 $B_{i,j}(x,y)$,使得重建一定满足如下形式

$$I(x,y) \leftarrow \sum_{i,j} B_{i,j}(x,y)\text{I}[i][j] \quad (17.2)$$

称该 B 为**基函数**(basis functions);它们表示像素 i、j 对 $[x,y]^t$ 处的连续图像的影响大小。

在双线性重建方法中,称该 B 函数为**帐篷函数**(tent functions)。帐篷函数可以通过下述方式定义。令 $H_i(x)$ 为单变量**帽函数**(hat function),定义如下

$$H_i(x) = x-i+1 \quad \text{for} \quad i-1<x<i$$
$$-x+i+1 \quad \text{for} \quad i<x<i+1$$
$$0 \quad \text{else}$$

如图 17.2 所示(在 1D 中,帽函数基可对一组整数值进行线性插值,从而获得连续的

单变量函数）。然后，令 $T_{i,j}(x,y)$ 为二元函数

$$T_{i,j}(x,y)=H_i(x)H_j(y)$$

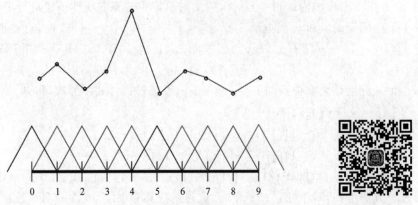

图 17.2 一个由 10 个基函数组成的帽函数基。通过线性组合，可以得到离散值
（表示为离散点）的分段线性插值

这就是一个**帐篷函数**（见图 17.3），可证明将这些帐篷函数插入式（17.2）会得到双线性重建算法的结果。

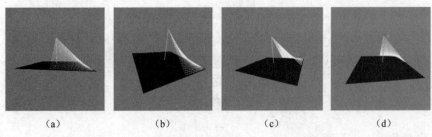

（a）　　　　　　（b）　　　　　　（c）　　　　　　（d）

图 17.3 一个双线性帐篷函数在一个象限下的四个视图。它的中心值为 1，
在 2×2 像素方形的边界处下降到 0

恒定重建同样可以采取该形式来建模，但在这种情况下，基函数 $B_{i,j}(x,y)$ 是一个**盒函数**（box function），除了在坐标 (i,j) 上的单位正方形的值恒定为 1 外，其他地方均为 0。

一般来讲，可任意选择基函数的大小和形状。例如，在高质量图像的编辑工具中，使用一组双三次基函数进行重建[50]。从该意义上讲，像素实际上并不是一个小方形，而只是一个离散值，并与一组基函数结合使用来获得一个连续函数。

17.3.1 边缘保留

使用式（17.2）重建图像的线性方法简单地填充离散像素之间的空间。但仔细观察重建的连续图像时，边缘会模糊。现在有更先进的非线性方法，可在重建过程中同样保持锐利的边缘[18]，在此不做展开叙述。

习　　题

17.1　编写程序,在片元着色器中模拟双线性重建。对于每次纹理映射,设计的片元着色器应该显式地检索四个纹理像素,然后在着色器中计算双线性重建的正确混合。为了准确地查找单个纹理像素,还需要了解纹理视口转换及其逆(参见 12.3.1 节)。

17.2　假设使用基函数的线性组合重建连续图像,如果从离散图像开始,其中所有像素都具有完全相同的色值,则重建的连续图像将是该颜色值的一个"平坦区域"。也就是说,对于所有 i、j,以及某颜色 c,如果 $I[i][j]=c$,则所有 (x,y) 重建的连续图像均有 $I(x,y)=c$。求下列表达式的值。

$$\forall x,y, \sum_{i,j} B_{i,j}(x,y)$$

第18章

重 采 样

目前为止,已经介绍了图像采样和图像重建的基础知识,下面将重新理解纹理映射,即以离散图像作为开始和结束。因此,映射技术将包含重建和采样方法,18.3 节将介绍用于抗锯齿纹理映射的 mip 映射。

18.1 理想重采样

输入一张离散图像或纹理 $T[k][l]$,对其进行 2D 变形,最终输出图像 $I[i][j]$。我们关心设定每个输出像素的方法。特别是在纹理映射期间,三角形和相机几何模型可将纹理图像投影到屏幕中渲染的对象的某些部分上。

理想情况下,该方法包含以下步骤:

- 使用一组基函数 $B_{k,l}(x_t, y_t)$ 重建连续的纹理 $T(x_t, y_t)$,参见第 17 章。
- 对连续图像进行几何变形。
- 对一组滤波器 $F_{i,j}(x_w, y_w)$ 求积分以获得离散的输出图像,参见第 16 章。

令几何变换由一个从连续的屏幕坐标到纹理坐标的映射 $M(x_w, y_w)$ 表示。然后将这三个步骤放在一起,可得

$$I[i][j] \leftarrow \iint_\Omega dx_w dy_w \, F_{i,j}(x_w, y_w) \sum_{k,l} B_{k,l}[M(x_w, y_w)] T[k][l]$$

$$= \sum_{k,l} T[k][l] \iint_\Omega dx_w dy_w \, F_{i,j}(x_w, y_w) B_{k,l}[M(x_w, y_w)]$$

该式表示了通过线性组合输入的纹理像素得到每个输出像素的方法。

相较于窗口坐标域,有时通过纹理坐标域来可视化积分会更容易。基于逆映射 $N = M^{-1}$,该方法可表示为

$$I[i][j] \leftarrow \iint_{M(\Omega)} dx_t dy_t \, |\det(D_N)| \, F_{i,j}[N(x_t, y_t)] \sum_{k,l} B_{k,l}(x_t, y_t) T[k][l]$$

$$= \iint_{M(\Omega)} \mathrm{d}x_t\,\mathrm{d}y_t\,|\det(D_N)|\,F'_{i,j}(x_t,y_t) \sum_{k,l} B_{k,l}(x_t,y_t)\,\mathrm{T}[k][l]$$

其中，D_N 是 N 的雅可比行列式，且 $F' = F \circ N$。当 F 是一个盒式滤波器时，这就变成了

$$\mathrm{I}[i][j] \leftarrow \iint_{M(\Omega_{i,j})} \mathrm{d}x_t\,\mathrm{d}y_t\,|\det(D_N)| \sum_{k,l} B_{k,l}(x_t,y_t)\,\mathrm{T}[k][l] \qquad (18.1)$$

也就是说，需在 $M(\Omega_{i,j})$ 区域上进行积分，并将这些数据组合在一起。

当使用变换 M 缩小纹理时，则 $M(\Omega_{i,j})$ 在 $T(x_t,y_t)$ 上的覆盖区较大（见图 18.1）。当使用 M 放大纹理时，则 $M(\Omega_{i,j})$ 在 $T(x_t,y_t)$ 上的覆盖区较小。不仅如此，M 还可在纹理映射时进行更特别的变换，例如仅在一个方向上缩小纹理。

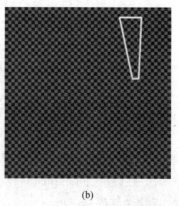

(a)　　　　　　　　　　(b)

图 18.1　将图（b）的棋盘格纹理图像映射到一个单独的大方形上。使用映射 $M(\Omega_{i,j})$ 将图（a）中的橙色和黄色两个像素块分别可视化至图（b）覆盖区。橙色的覆盖区域非常小，无须滤波。黄色区域覆盖了大量纹理像素，需进行滤波以避免瑕疵

18.2　放　　大

虽然式（18.1）同时包括一个重建（$\sum$）分量和一个滤波（$\iint$）分量，但在放大纹理的情况下，滤波分量对输出的影响最小。$M(\Omega_{i,j})$ 的覆盖区可能小于纹理空间中的一个像素单元，因此没有太多需要模糊/平均的细节。在这种情况下，可忽略积分步骤，并且将重采样表示为

$$\mathrm{I}[i][j] \leftarrow \sum_{k,l} B_{k,l}(x_t,y_t)\,\mathrm{T}[k][l] \qquad (18.2)$$

其中，$(x_t,y_y) = M(i,j)$。换句话说，仅对重建和变换的纹理进行点采样，参见第 17 章。

在这种情况下,通常会使用双线性重建方法,通过调用函数 glTexParameteri (GLTEXTURE_2D,GL_TEXTUREMAG_FILTER,GL_LINEAR)来让 OpenGL 完成。对于片元着色器中的单个纹理查找,硬件将获取 4 个纹理像素并进行适当组合。这种方法很实用,可用于图 18.1 所示的橙色覆盖区内的像素。

18.3 mip 映射

在缩小纹理的情况下,为消除锯齿,不应忽略式(18.1)的滤波分量。然而,覆盖区域 $M(\Omega_{i,j})$ 中可能存在许多纹理像素,导致可能无法在常数时间内进行纹理查找,如图 18.1 中的黄色覆盖区所示。

在 OpenGL 中,标准的解决方案是使用 mip 映射(见图 18.3)。在 mip 映射中,从原始纹理 T^0 开始,创建一系列分辨率逐渐降低(越来越模糊)的纹理 T^i。每个后续纹理的模糊度是之前的两倍,因为包含的细节逐步减少,可由在水平和垂直方向上 1/2 的像素数表示。我们将该集合称为 mip 映射,在三角形渲染之前创建。因此,构造 mip 映射的最简单的方法是对 2×2 的像素块取平均,从而产生分辨率更低的图像;也可用更复杂的图像降采样技术。

可编程构建 mip 映射,然后调用 glTexImage2D 传递给 OpenGL。另外,通过调用 gluBuild2DMipmaps(后续不再调用 glTexImage2D)完成自动构建和加载。因为这些纹理的分辨率各不相同,所以每个纹理均对应一个视口变换,来将规范纹理坐标映射到像素上,参见 12.3.1 节和习题 12.2。

在纹理映射期间,硬件将计算每个纹理坐标 (x_t,y_t) 的缩小量,然后使用该缩放因子在 mip 映射中选择适当分辨率的纹理 T^i。由于选择了适当的低分辨率纹理,因此无须额外的滤波,可再次使用式(18.2),在常量时间内完成。

为解决 mip 映射在层次之间切换时存在的空间或时间不连续问题,可用三线性插值,即首先使用双线性插值在 T^i 上创建一种颜色,然后在 T^{i+1} 上创建另一种颜色。然后对这两种颜色进行线性插值。第三个插值因子取决于层 i 和 $i+1$ 的接近程度。调用 glTexParameteri(GL_TEXTURE_2D,GL_TEXTURE_MIN_FILTER,GL_LINEAR_MIPMAP_LINEAR)实现基于三线性插值的 mip 映射。在每次请求纹理的过程中,三线性插值请求 OpenGL 对获取的 8 个纹理像素进行适当组合。

很容易看出 mip 映射的结果不是完全正确的。首先,mip 映射中的每个较低分辨率图像是通过各向同性收缩获得的,即在每个方向上的收缩相同。而在纹理映射过程中,某个纹理空间的区域可能仅在一个方向上缩小(见图 18.2)。其次,即使是各向同性收缩,低分辨率图像中的数据仅代表原始图像中非常特定的两像素的平均值。然后,在提取纹理像素时,将这些特定的平均值混合在一起。

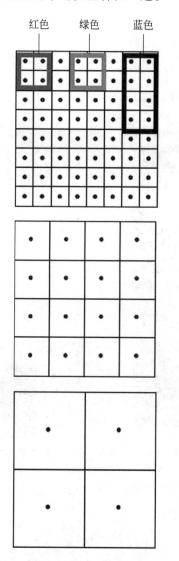

图 18.2　mip 映射的三个分辨率级别。每个都比前一个在水平和垂直纹理分辨率降低了一半。三个覆盖区以红色、绿色和蓝色显示。中间的纹理图像很好地表示了红色覆盖区上的积分。因为蓝色覆盖区由各向异性收缩得来,所以无法在任意纹理图像中很好地表示。虽然绿色覆盖区由各向同性收缩得来,但由于其落入了两个取值区间,因此同样无法在任意纹理图像中很好地表示

为了更好地近似式(18.1),需从各种级别的 mip 映射中获取更多内容以大致覆盖纹理上的区域 $M(\Omega_{i,j})$。我们通常将该方法称为各向异性滤波,可以在 API 或驱动程序控

制面板中启用(见图 18.3)。

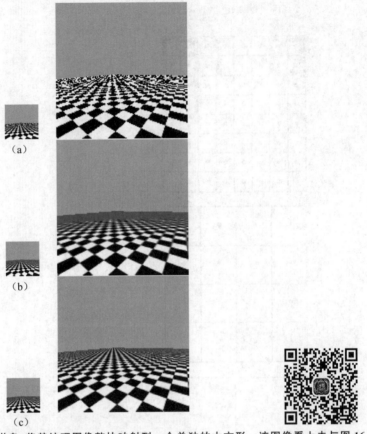

图 18.3　绘制一个棋盘,将其纹理图像整块映射到一个单独的大方形。该图像看上去与图 16.1 类似,
但图 16.1 的每个方块均由小四边形绘制而成。(a)未使用 mip 映射;(b)使用 mip 映射,消
除了大部分锯齿,但会使纹理过于模糊;(c)使用各向异性采样的 mip 映射。请注意,该方法
并未处理几何体的后边缘残留的锯齿

第 五 篇
高 级 主 题

第19章

颜　色

本章探索颜色这一基本概念,包括定义及各种表示方法。这是一个内容丰富的研究课题,而且关于人类色彩感知的许多谜团仍无答案。但是它非常有趣,不仅对计算机图形学很重要,对数字图像处理同样如此,所以介绍该主题。

事实上,颜色是一个具有多重含义的术语。当光束到达视网膜时,每个**视锥细胞**(cone-cells)会独立产生一些神经冲动,我们将其视为**视网膜颜色**(retinal color)。然后在整个视野范围内综合处理视网膜颜色,从而产生实际感受到的**感知颜色**(perceived color)。感知颜色通常与正在观察的**对象颜色**(object color)有关。

在所有的这些阶段中,对于两个特定的颜色,我们能讨论的最简单的就是它们是否相同。这通常可以记录和量化,并且是本章处理颜色的主要方法。在感知颜色层面,显然有一种意识上的颜色体验,难以在实验或形式上处理。

最后涉及一些其他问题,例如我们如何将颜色感知组织成**命名颜色**(named colors)(如红色和绿色)。

本章的重点为视网膜颜色(之后会省略"视网膜")。了解视网膜颜色理论相对容易,并且是理解其他概念的第一步。我们首先将基于完善的生物物理基础介绍视网膜颜色,其次从感知实验中重新推导出相同的模型,最后介绍计算机图形学中一些常见的颜色表示方法。

19.1　简单生物物理模型

可见光是**波长**(wavelengths)λ大致在 $380\sim770\text{nm}$ 的电磁波,以纳米为单位(可将每种波长视为光的不同"物理味道")。我们将讨论两种光束:一种是**纯光束**(pure beam),包含一个"单位"的某特定波长 l_λ 的光(以辐照度为单位)。一种是**混合光束**(mixed beam)$l(\lambda)$,包含不同量的各种波长的光。这些量由函数 $l(\cdot)$ 确定:$R \to R_+$,以光谱辐照度为单位。由于没有"负光",因此该值始终非负。

人眼的视网膜上具有各种光敏细胞。**视锥**(cone)细胞可带来色彩感。(非色盲的)人有三种不同类型的视锥细胞,称为短视锥细胞、中视锥细胞和长视锥细胞(依据它们最敏感的光的波长命名)。这三种类型的视锥细胞分别对应于三个灵敏度函数 $k_s(\lambda)$、$k_m(\lambda)$ 和 $k_l(\lambda)$。响应函数表示一种类型的视锥细胞"响应"不同波长的纯光束的强烈程度。例如,$k_s(\lambda)$ 表示短波长敏感的视锥细胞对纯光束 l_λ 的灵敏程度(图 19.1 的左上角)。

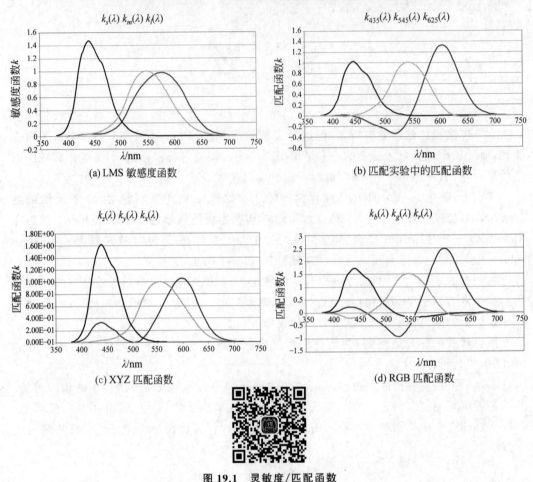

图 19.1 灵敏度/匹配函数

  由于每个纯光束会在视网膜上产生三个响应值,每种类型的视锥细胞对应一个,可将该响应可视化为 3D 空间中的一个点。定义一个 3D 空间,将坐标标记为 $[S, M, L]^t$。然后对于一个固定的 λ,将视网膜响应绘制为具有坐标 $[k_s(\lambda), k_m(\lambda), k_l(\lambda)]^t$ 的向量。随着 λ 的变化,可将这些向量在空间中的轨迹表示为**套索**(**lasso**)曲线(见图 19.2 的第一行)。使用参数 λ 表示套索曲线。因为所有响应均为正,所以套索曲线完全位于第一象限中。因为这些极端波长位于可见区域的边界,该区域外的响应为零,所以曲线的起点和终点均为原点。曲线在 L 轴(以蓝色显示)附近停留较短,最终接近 S 轴(以红色显示)。因为没有光单独刺激这些视锥细胞,所以曲线永远不会接近 M 轴。

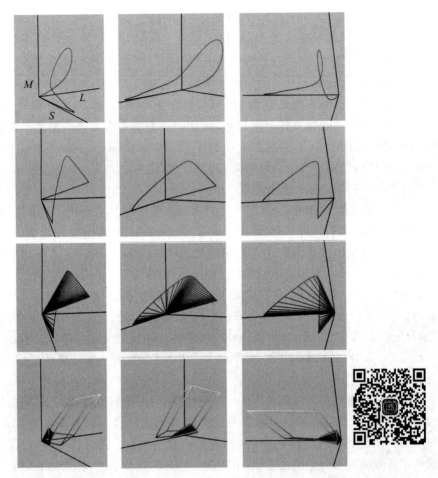

图 19.2　LMS 颜色空间：每列显示一个不同的视图。第一行：绘制 LMS 坐标系下的套索曲
　　　　线。第二行："归一化"套索曲线后得到马蹄形曲线。第三行：用线将马蹄形曲线连
　　　　接到原点。第四行：套索曲线上凸锥体的切面。三角形显示该切面的实际颜色，可
　　　　由显示器颜色 **R、G** 和 **B** 的正组合表示。RGB 颜色立方体的其余部分以线框表示

在这个简单的模型中，我们将光束坐标$[S,M,L]^t$视为其产生的（视网膜）颜色感知，
使用符号 c 表示颜色本身，现将其等同为一个实际的视网膜事件，之后会更严格地定义颜
色。因此，在图 19.2 中，每个 3D 向量都**有可能**（**potentially**）代表某种颜色，套索曲线上的
向量是纯光束的**实际**（**actual**）颜色。

在某些强度范围内，视锥细胞对光束产生响应。因此，对于混合光束 $l(\lambda)$，三个响应
$[S,M,L]^t$ 是

$$S = \int_\Omega d\lambda\, l(\lambda)\, k_s(\lambda) \tag{19.1}$$

$$M = \int_\Omega d\lambda\, l(\lambda)\, k_m(\lambda) \tag{19.2}$$

$$L = \int_\Omega d\lambda\, l(\lambda)\, k_l(\lambda) \tag{19.3}$$

其中,$\Omega = [380..770]$。

当我们查看所有可能的混合光束 $l(\lambda)$ 时,所得的 $[S, M, L]^t$ 会清除 3D 空间中的某些向量集。由于 l 可以是任意正函数,因此清除后的集合由套索曲线上向量的所有正线性组合而成。因此,该集合是套索曲线上的**凸锥体**(convex cone),其称为**色锥体**(color cone)。锥体内的向量表示实际的颜色感知。锥体外的向量(例如垂直轴)不会由任何实际光束(纯光束或混合光束)产生感知。

为了更好地理解该锥体的可视化过程,图 19.2 将其分解为一系列步骤。在第二行中,对套索曲线进行了归一化,对每个向量进行缩放,使得存在某个常数 K,有 $S + M + L = K$。称该缩放后的套索曲线为**马蹄形曲线**(horseshoe curve)。为更好地表示色锥体的形状,在第三行中添加轨迹,将原点连接至马蹄形曲线。最后,在第四行中添加一个不透明的平面作为色锥体切面,并在该面上绘制其实际颜色,由显示器的红色(R)、绿色(G)和蓝色(B)元素线性组合而成(19.4 节会详细介绍该 RGB 空间)。为了绘制亮度最高的颜色,基于以上约束,在 $S + M + L = K$ 中选择一个 K 值,使得切面颜色的 RGB 坐标为 $[1, 0, 0]^t$。RGB 立方体以线框显示,该颜色集由红色、绿色和蓝色线性组合而成,其系数的区间为 $[0..1]$。

因为构成套索曲线的向量有无限个(肯定超过三个),因此,对于严格位于色锥体内部的向量,有许多方法可以使用套索曲线上向量的正线性组合生成某些固定坐标 $[S, M, L]^t$,每种组合均等同于某个产生这种固定响应的光束。因此,一定存在许多物理上不同的光束可以产生相同的颜色感知,不同波长的光的数量不同,将这样的任意两束光称为**同色异谱**(metamers)。

在此总结一些数据类型,有些将在之后出现。

(1)l_λ 表示纯光束,$l(\lambda)$ 表示混合光束。

(2)$k(\lambda)$ 表示灵敏度函数,之后也将其称为**匹配函数**(matching functions)。

(3)c 表示视网膜的颜色感知,之后将使用三种这样的颜色作为颜色空间的一组基。

(4)使用三个坐标表示颜色,如 $[S, M, L]^t$。观察到的光束颜色坐标可由匹配函数计算得到,如式(19.1)。

(5)反射函数 $r(\lambda)$ 表示每种波长的光经过某些物理材料表面反射的比例,将在之后出现。

19.1.1   色彩空间图

目前为止,我们已经介绍了绘制色锥体的充足知识。

　　锥体中向量的权重对应于感知到的颜色亮度,这听起来不太有趣(尽管如此,当调暗橙光时,实际会感知到棕色)。因此,根据比例对颜色表进行标准化很方便,可以得到一张2D图(见图19.3)。在该图中,从图19.2中的锥形切面开始,按比例缩放所有显示的颜色,使得R、G或B中的一个颜色处于最大强度。无法用显示器的元素R、G和B的正组合表示三角形外的颜色,这些颜色位于显示器的**色域**(**gamut**)之外。

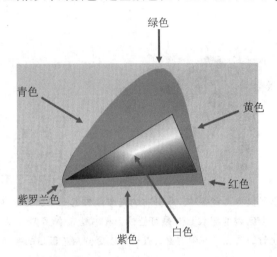

图 19.3　2D 颜色图。三角形外的颜色超出了计算机显示器的色域

　　在锥体边界上的颜色是鲜明且"饱和的"。从 L 轴开始,沿弯曲的部分移动,颜色将从红色变成绿色,再到紫罗兰色(彩虹色)。这些颜色只能用纯光束表示。另外,色锥体的边界具有楔形平面(2D图中以线段显示),其颜色为粉色和紫色。它们没有出现在彩虹色中,仅可由红色和紫色光束适当地组合而成。围绕边界时,会经过不同的颜色"色调"。

　　当从锥体边界向中心移动时,颜色的色调不变,饱和度降低,变得柔和并最终发灰或发白(无须将某颜色选为白色)。

　　该过程可在描述颜色的色调饱和度系统中以数学形式表示。

19.2　数　学　模　型

　　19.1节的模型是在19世纪通过感知实验得出的。在没有研究眼内细胞技术的情况下,这很了不起。沿这条原始的推理路线,我们从头介绍使用感知实验推导颜色模型的方法。这有助于更好地理解颜色的定义方法,并且在不参考任意神经反应的情况下,使用所有线性代数的工具处理颜色空间。

　　从物理学的基本知识以及粗略的观测开始:光束可表示为波长分布 $l(\lambda)$,并且人眼有时难以区分不同的光分布。为仔细研究这种同色异谱现象,特别是避免人眼在观察复杂场景时可能出现的任何效应,设计了一套如图 19.4 的实验装置,该装置可向观察者呈现两种已知波长分布的光束,接着询问观察者光束是否相同。

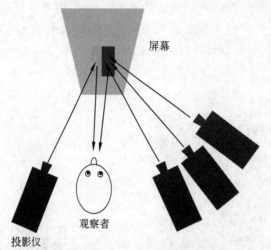

屏幕

投影仪　观察者

图 19.4　基本的颜色匹配实验装置。投影仪将具有各种波长分布的光束聚焦到一个大型单色的屏幕上,最后形成两个彩色区域,每个区域的波长分布是可控的。在右边设置了多个投影仪,以便测试各种光分布叠加在一起时的情况。询问观察者是否可以区分两个区域的颜色[1]

在第一个实验中,测试了同色异谱关系满足传递性(在此处忽略最小可觉差和识阈效应),特别是,发现如果无法区分 $l_1(\lambda)$ 和 $l_1'(\lambda)$,并且无法区分 $l_1'(\lambda)$ 和 $l_1''(\lambda)$,则无法区分 $l_1(\lambda)$ 与 $l_1''(\lambda)$。

由于该传递性,实际上将"光束 $l_1(\lambda)$ 的颜色"$c(l_1(\lambda))$ 定义为对于人类观察者来说,与 $l_1(\lambda)$ 无法区分的光束的集合。所以在这种情况下,可得 $c(l_1(\lambda)) = c(l_1'(\lambda)) = c(l_1''(\lambda))$。因此,在数学模型中,(视网膜)颜色是光束的**等价类**。

最终,我们希望能够将颜色空间转换为线性向量空间。它可简单地使用坐标向量表示颜色,并且告诉我们通过组合"主要"颜色表示期望的颜色的方法。

接下来将介绍两种颜色的叠加方法。从物理学可知,当两个光束 $l_1(\lambda)$ 和 $l_2(\lambda)$ 叠加在一起时,会简单地形成一个光分布为 $l_1(\lambda)+l_2(\lambda)$ 的组合光束。因此,使用两种颜色的**加法**(**addition**)表示两个光束的叠加。

$$c[l_1(\lambda)] + c[l_2(\lambda)] := c[l_1(\lambda) + l_2(\lambda)]$$

为了明确定义,必须通过实验验证选择哪种光束来表示每种颜色并没有影响。特别是,如果有 $c[l_1(\lambda)] = c[l_1'(\lambda)]$,则必须验证(再次使用图 19.4 所示的装置),对于所有的 $l_2(\lambda)$,都有 $c[l_1(\lambda) + l_2(\lambda)] = c[l_1'(\lambda) + l_2(\lambda)]$,即必须检验光束 $l_1(\lambda) + l_2(\lambda)$ 与 $l_1'(\lambda) + l_2(\lambda)$ 完全相同。该性质经实验证实确实如此。

由于光束可以乘以正标量,下一步,我们将定义颜色乘以一个非负值实数 α:

$$\alpha c[l_1(\lambda)] := c[\alpha l_1(\lambda)] \tag{19.4}$$

同样地，我们需要验证该运算不依赖于对光束的选择。因此，当 $c[l_1(\lambda)] = c[l_1'(\lambda)]$，必须验证对于所有 α，都有 $c[\alpha l_1(\lambda)] = c[\alpha l_1'(\lambda)]$，即两种光束 $\alpha l_1(\lambda)$ 与 $\alpha l_1'(\lambda)$ 完全相同，该性质同样已通过实验验证。

19.2.1　技术细节

在实向量空间中，我们可以将负实数乘以一个向量，但在颜色表示中则得到 $-c(l_1) := c(-l_1)$。由于不存在负光，所以无法定义。

尽管如此，使用向量表示颜色并进行线性代数方面的运算是很方便的。特别是当颜色空间为马蹄形时，不能用仅仅三种颜色的正向组合来表示所有颜色，因此同时需要三种颜色的负向组合。

从数学求解的角度，首先定义颜色的减法，将其基本思想总结为：当 $c_1 - c_2 = c_3$ 时，实则表示 $c_1 = c_3 + c_2$。即从等式的一侧减去某一项，相当于将该项添加到另一侧。因为颜色的加法真实存在，所以通过减法可以为"负"颜色赋予意义。通过将实际颜色和负值颜色相加，可以得到一个全线性空间，即**扩展颜色空间**（extended color space）。

更正式地说，我们将任何光束的原始等价类称为**实际颜色**（actual color），那么**扩展颜色**（extended color）可以正式表示为

$$c_1 - c_2$$

其中，c 是实际颜色。两个扩展颜色分别为 $c_1 - c_2$ 和 $c_3 - c_4$，如果实际颜色存在 $c_1 + c_4 = c_3 + c_2$，则两者相等。任何不是实际颜色的扩展颜色都被称为**假想颜色**（imaginary color）。

很明显，现在可以定义所有的向量运算。将颜色向量乘以 -1，可以表示为 $-(c_1 - c_2) := (c_2 - c_1)$，加法即为 $(c_1 - c_2) + (c_3 - c_4) := (c_1 + c_3) - (c_2 + c_4)$。通过这些运算，我们得到了扩展颜色的线性空间。

最后，为了在运算过程中防止实际可区分的颜色（分散）变为相同的扩展颜色，需证明实际颜色满足**消去率**（**相消率**（cancellation property））。该性质表述为：如果有 $c(l_1(\lambda)) + c(l_2(\lambda)) = c(l_1'(\lambda)) + c(l_2(\lambda))$，那么 $c(l_1(\lambda)) = c(l_1'(\lambda))$，并再次通过实验验证。

到目前为止，我们拥有了一个扩展颜色的实向量空间，并在此空间中嵌入了实际颜色。从此以后，可以使用 c 表示任意的扩展颜色，并且通常会省略"扩展"（extended）二字。另外，我们可以将 $c(l(\lambda))$ 理解为从光分布的空间到颜色空间的线性映射。

我们还没有确定颜色空间的维度（但接下来将维度确定为 3D）。现在可以回顾图 19.1，并将其视为扩展颜色空间，锥体内的向量表示实际颜色，而锥体外的向量表示假想颜色。例如，坐标为 $[0,1,0]'$ 的向量表示一种假想颜色。

19.3   颜 色 匹 配

颜色匹配实验(**color matching experiment**)的目标是确定颜色空间的维度是 3。此外,它给出了一个将光束 $l(\lambda)$ 映射到其特定基上颜色坐标的计算公式,类似于式(19.1)。

在图 19.3 的环境下,观察者观察两个屏幕。在屏幕的左侧显示某一固定波长 λ 的纯**测试光束**(**test beam**)l_λ。在屏幕的右侧显示由三个纯**匹配光束**(**matching beams**)的正组合组成的光,波长分别为 435nm、545nm 和 625nm。观察者的目标是通过调整右侧的三个旋钮控制匹配光束的强度,使得三束匹配光束的加权组合与测试光束没有区别,即对于一个确定的 λ,调整 $k_{435}(\lambda)$、$k_{545}(\lambda)$ 和 $k_{625}(\lambda)$,使得 $k_{435}(\lambda)l_{435}+k_{545}(\lambda)l_{545}+k_{625}(\lambda)l_{625}$ 与 l_λ 同色异谱。如果用户未能调整成功,则允许他们将一个或多个匹配光束移动到左侧并与测试光束组合。在扩展颜色空间的数学运算中,这与将标量 $k(\lambda)$ 变为负值是一样的。

对视觉范围内的所有 λ 重复该过程。在匹配实验过程中,我们发现用户确实可以成功获得所有可见波长的匹配。

而且,实验提供了三个所谓的匹配函数 $k_{435}(\lambda)$、$k_{545}(\lambda)$ 和 $k_{625}(\lambda)$,如图 19.1 右上方所示。请注意,当波长为 435nm、545nm 或 625nm 时,其中一个匹配函数被设置(赋值)为 1,而另外两个被设置(赋值)为 0。

我们可以将实验结果总结为

$$c(l_1) = \begin{bmatrix} c(l_{435}) & c(l_{545}) & c(l_{625}) \end{bmatrix} \begin{bmatrix} k_{435}(\lambda) \\ k_{545}(\lambda) \\ k_{625}(\lambda) \end{bmatrix}$$

基于线性映射 c 的一些合理的连续性假设,我们可以改进该等式以适用于所有混合光束。如此,可以得到:

$$c(l_1) = \begin{bmatrix} c(l_{435}) & c(l_{545}) & c(l_{625}) \end{pmatrix} \begin{bmatrix} \int_\Omega d\lambda\, l(\lambda)\, k_{435}(\lambda) \\ \int_\Omega d\lambda\, l(\lambda)\, k_{545}(\lambda) \\ \int_\Omega d\lambda\, l(\lambda)\, k_{625}(\lambda) \end{bmatrix} \tag{19.5}$$

通俗地讲,可以将这个等式理解为每个混合光束都是纯光束的(不可数)线性组合。

因此可得出如下结论。

(1) 色彩空间是 3D(三维)的。

(2) $[c(l_{435})\, c(l_{545})\, c(l_{625})]$ 构成该空间的一组基。

(3) 匹配函数可以提供任何光分布在这组基下的坐标。

正如对 LMS 颜色空间的操作,可以在图 19.5 中可视化该颜色空间。请注意,在这种情况下,由于基颜色是单色的,套索曲线依次穿过每条轴。然而,在该组基下,套索曲线的确不经过第一象限。

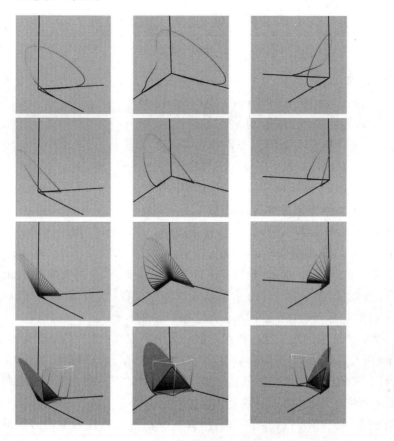

图 19.5　匹配实验产生的颜色空间

19.4　基

同其他向量空间类似,颜色空间可以由许多组不同的基表示。从式(19.5)入手,可插入任意 3×3 (非奇异)矩阵 $\boldsymbol{M}$ 及其逆矩阵以获得:

$$
c(l(\lambda)) = \left\{ \left[\boldsymbol{c}(l_{435}) \boldsymbol{c}(l_{545}) \boldsymbol{c}(l_{625}) \right] \boldsymbol{M}^{-1} \right\} \left(\boldsymbol{M} \begin{bmatrix} \int_{\Omega} \mathrm{d}\lambda\, l(\lambda) k_{435}(\lambda) \\ \int_{\Omega} \mathrm{d}\lambda\, l(\lambda) k_{545}(\lambda) \\ \int_{\Omega} \mathrm{d}\lambda\, l(\lambda) k_{625}(\lambda) \end{bmatrix} \right)
$$

$$= \{[\, \boldsymbol{c}_1 \ \boldsymbol{c}_2 \ \boldsymbol{c}_3\,]\} \begin{bmatrix} \int_\Omega \mathrm{d}\lambda\, l(\lambda)\, k_1(\lambda) \\[2mm] \int_\Omega \mathrm{d}\lambda\, l(\lambda)\, k_2(\lambda) \\[2mm] \int_\Omega \mathrm{d}\lambda\, l(\lambda)\, k_3(\lambda) \end{bmatrix} \tag{19.6}$$

其中 c_i 表示一组新的颜色基,定义为

$$[\,\boldsymbol{c}_1\, \boldsymbol{c}_2\, \boldsymbol{c}_3\,] = [\,\boldsymbol{c}(l_{435})\, \boldsymbol{c}(l_{545})\, \boldsymbol{c}(l_{625})\,]\, \boldsymbol{M}^{-1}$$

$k(\lambda)$ 函数构成新的对应匹配函数,定义为

$$\begin{bmatrix} k_1(\lambda) \\ k_2(\lambda) \\ k_3(\lambda) \end{bmatrix} = \boldsymbol{M} \begin{bmatrix} k_{435}(\lambda) \\ k_{545}(\lambda) \\ k_{625}(\lambda) \end{bmatrix} \tag{19.7}$$

因此,主要有如下三种方法来指定颜色空间的基。

(1) 从颜色空间的任意确定基入手,例如 $[\,\boldsymbol{c}(l_{435})\, \boldsymbol{c}(l_{545})\, \boldsymbol{c}(l_{625})\,]$,指定一个可逆的 3×3 矩阵 $\boldsymbol{M}$ 来表示相对于该确定基的一组新的基。

(2) 直接指定三种(非共面的)实际颜色 c_i。每个 c_i 可由某一产生该颜色的光束 $l_i(\lambda)$ 确定(然后可以将每个这样的 $l_i(\lambda)$ 插入式(19.5)的右边,以获得它相对于 $[\,\boldsymbol{c}(l_{435})\, \boldsymbol{c}(l_{545})\, \boldsymbol{c}(l_{625})\,]$ 的坐标,该方法完全决定了基矩阵 M 的变化)。

(3) 直接指定三个新的匹配函数。这些匹配函数必须由类似式(19.6)的基变化产生,以保证其有效性,因此每个匹配函数必须是 $k_{435}(\lambda)$、$k_{545}(\lambda)$ 和 $k_{625}(\lambda)$ 的某种线性组合,如式(19.7)所示。否则,它们就无法维持同色异谱;人类看到相同颜色的光束可能会映射到不同坐标向量,反之亦然。理想情况下,数码相机的颜色传感器应具有这种形式,确保相机可以真实地捕捉颜色,即遵守同色异谱。此外,真实相机的灵敏度函数也必须处处非负。

除了特定基 $[\,\boldsymbol{c}(l_{435})\, \boldsymbol{c}(l_{545})\, \boldsymbol{c}(l_{625})\,]$ 外,颜色空间的其他基。特别是式(19.1)的匹配函数表示颜色空间的一组基,其颜色坐标为 $[S,M,L]'$。三种颜色构成一组实际基,即 $[c_s, c_m, c_l]$。c_m 是一种假想颜色,因为 LMS 颜色坐标为 $[0,1,0]'$ 的真实光束不存在。

19.4.1　色域

假设有一组基表示的颜色空间,其中所有实际颜色的坐标都非负,即套索曲线永远不会离开第一象限。那么**至少一个定义该象限的基向量一定位于实际颜色的圆锥之外**,这样的基向量一定是一种假想颜色。仅仅由于套索曲线本身的形状,我们找不到这样的三个向量,既能接触套索曲线,又都能在第一象限中包含整条曲线。

相反,如果所有的基向量都是实际颜色,那么在色锥内一定存在不能用非负坐标表示的实际颜色,可以说这些颜色位于这个颜色空间的**色域**(gamnt)之外。

19.4.2 特定基

XYZ 基是颜色空间的中心标准基,由三个匹配函数 $k_x(\lambda)$、$k_y(\lambda)$ 和 $k_z(\lambda)$ 指定,如图 19.1 中的 XYZ 匹配函数所示。使用坐标向量 $[X,Y,Z]'$ 表示某个颜色关于这组基的坐标,该 3D 颜色基如图 19.6 所示。底行可视化了色锥的 $X+Y+Z=K$ 平面,这是典型的颜色空间 2D 图。

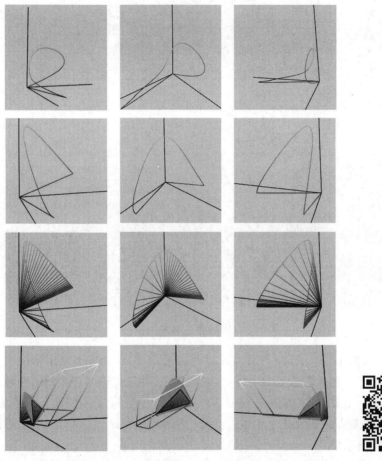

图 19.6 *XYZ* 颜色空间

在选择匹配函数时,要保证它们总为正,并且颜色的 Y 坐标表示其整体感知的"亮度"。因此,Y 通常代表颜色的黑白比例,其对应基 $[c_x,c_y,c_z]$ 由三种假想颜色组成。图 19.6 中的坐标轴在色锥外。

本书一直使用 RGB 坐标表示颜色。事实上,还有许多不同的颜色空间都使用此名称,目前使用的 RGB 颜色空间具体有 Rec.709RGB 空间(见图 19.7)。

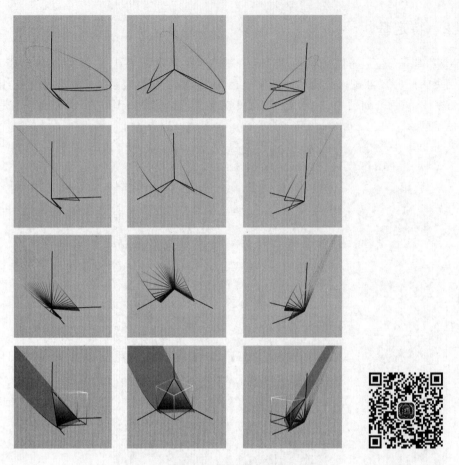

图 19.7 RGB 颜色空间

在这种情况下,基$[c_r, c_g, c_b]$由三种实际颜色组成,旨在匹配理想显示器的三种荧光体的颜色。显示器可以产生非负 RGB 坐标表示的颜色,并且位于颜色空间的**色域**内。这些颜色位于图中第一象限。但类似于$[c(l_{435})\ c(l_{545})\ c(l_{625})]$,有一些实际颜色的 RGB 坐标为负,**这些颜色无法在显示器上生成**。此外,显示器的每个荧光体最大值为 1,这也限制了可实现的输出结果。

当需要显示颜色在色域外的图像时,一定要将图像以某种方式映射到色域中,一个最简单的解决方法是仅将所有负值设为 0。当然还有更复杂的色域映射方法,但本书不涉及。

在 19.7.2 节中,我们将介绍另一种常见的颜色空间 sRGB,它不是一个线性的颜色空间。

19.5　模　拟　反　射

当来自光源的光束 $i(\lambda)$ 触及一表面时，某一部分光被吸收，另一部分被反射。反射光的比例取决于表面材料的物理特性。使用反射函数 $r(\lambda)$ 表示每个波长的反射量。在这种情况下，可以使用单个波长的乘法来模拟从表面反射的光束：

$$l(\lambda) = i(\lambda)r(\lambda)$$

注意：该方法不能模拟光和表面之间所有类型的相互作用，例如荧光。另外，在此讨论中，我们忽略了 $r(\lambda)$ 对到达和离开光的角度的依赖性，这些将在第 21 章中介绍。该乘法计算单个波长的光的反射，且无法在 3D 颜色空间中精确模拟。实际上，两种材料可以在某个光源下反射同色异谱的光束，但是可能在其他光源下反射不等色的光束：

$$c(i_1(\lambda)r_a(\lambda)) = c(i_1(\lambda)r_b(\lambda)) \not\Leftrightarrow c(i_2(\lambda)r_a(\lambda)) = c(i_2(\lambda)r_b(\lambda))$$

因此，在一些渲染情境中，模拟反射光谱的依赖性很重要。然而，我们通常忽略这个问题，并用三个颜色坐标（舍弃 $i(\lambda)$ 的光谱信息）来模拟光源，如 RGB，再使用三个反射"系数"来模拟表面的反射特性。

19.5.1　白平衡

在一个固定的场景中，如果改变光源，那么图像中的颜色也会改变。例如，如果将荧光灯（日光灯）切换为白炽灯，相机观察到的颜色会偏黄。通常，我们希望将颜色调整至接近选定"标准光源"（如日光）下拍摄的图像颜色，此过程称为白平衡。它不是基的变化，而是对所有颜色的实际变换，这种变换最简单的例子是使用三个增益因子独立地缩放 R、G 和 B 坐标。

正如刚刚描述的那样，不是总能够在标准光源下成功生成场景的真实图像，因为在创建初始图像时舍弃了光谱信息。实际上，在标准光源下看起来不同的物体在其他光源下可以是同色异谱的，并且在当前图像中的颜色坐标相同，白平衡无法消除此影响。

19.6　自　适　应

来自视网膜的颜色数据在视觉系统中经过大量处理，人类不可能直接感知到光束的原始视网膜颜色坐标。该处理过程涉及大量的标准化，以适应于整个视野的全局和局部趋势。

当光源发生变化时，如从晴天到阴天，视网膜上每个直接观察到的颜色坐标都会发生剧烈的变化，但这些变化根本未被察觉，每个物体的颜色仍然保持"恒定"。例如，无论何种光源下，人感知到一只可怕的老虎都为黄色（驱使人们奔跑），这种特性称为**颜色恒定性**（**color constancy**），根据白平衡理论，该颜色恒定机制是不完美的，因为在入射光谱束转换成视网膜中三类视锥细胞反应时，过多的光谱信息会被舍弃。但该机制在很大程度上奏效,这使我们将一种实际颜色(可怕的橙色)联想对应于一种物质(虎皮)。

即使只有视野的局部区域经历光源变化时(如某些部分进入阴影),人眼对该区域的视觉处理可能会有所不同,以保持最终感知的颜色与观察到的实际材料密切相关(参见图 19.8 的示例)。此过程尚未被完全解释。

**图 19.8   方块 A 和 B 的灰度实际相同,但人眼由于视觉处理和局部适应性,
会感知到不同的灰度[1]**

在一些光源下拍摄照片,然后在不同环境光源下观看该照片时,观察者的适应状况将受到来自图像的光线以及环境光的影响。由于环境光的影响,图中的颜色最终可能"看起来不对劲",这就是在 19.5 节中研究白平衡的原因之一。

19.7   非线性颜色

视网膜颜色可以建模为 3D 线性空间。本节将介绍另一套不同的视网膜颜色表示方法,这与前面的颜色坐标没有直接关系。

19.7.1   距离感知

在任意线性颜色空间中,两种颜色间的欧氏距离并不是人眼区分颜色差异的好指标。例如,人类对暗色的变化比对亮色的变化敏感得多。目前颜色表示设计多样,以更好地匹配人类感知的颜色距离。这种从线性颜色空间到颜色表示的映射是非线性的,即便如此,我们仍将这种表示方式称为"颜色坐标"。

例如,$L^* ab$ 坐标系中,L^* 坐标称作"亮度",其计算表达式为(不包括很小的值):

$$L^* = 116\left(\frac{Y}{Y_n}\right)^{\frac{1}{3}} - 16 \tag{19.8}$$

其中,Y 是 XYZ 基中的第二个坐标,Y_n 是某归一化因子,不必计算 a 和 b 的坐标。

这样的颜色空间有很多用途。特别是,如果使用 8 位或以下位来定点表示每个坐标,则最好将数据存储在感知统一的空间中。当连续的 Y 值被分成 256 个均匀间隔的区间时,暗色变化产生的视觉差距更大。在 L^* 坐标中,在较暗的区域使用更紧密的区间,以解决此问题。对于较亮的颜色,将会有相应较少的区间,但无法感知这些差距。

19.7.2　伽马校正

伽马校正涉及一种类似于式(19.8)的幂变换,最初用于解释 CRT 设备中的非线性关系,但现在仍被使用,部分原因是它更好地利用了定点表示方法。

1. 伽马的起源

从前,计算机图像在阴极射线管(CRT)上显示。这种显示器上的每个像素由三个电压驱动,例如 (R', G', B')。假设此像素出射光的颜色为 $[R', G', B']^t$,则这些出射坐标大致表示为:

$$R = (R')^{\frac{1}{0.45}}$$
$$G = (G')^{\frac{1}{0.45}}$$
$$B = (B')^{\frac{1}{0.45}}$$

因此,如果我们想从像素获得某个特定的 $[R, G, B]^t$ 输出,则需要使用电压驱动:

$$R' = R^{0.45} \tag{19.9}$$
$$G' = G^{0.45} \tag{19.10}$$
$$B' = B^{0.45} \tag{19.11}$$

这种 $[R', G', B']^t$ 值就是颜色的**伽马校正**(**Gamma Corrected**)RGB 坐标。"′"符号表示这些颜色坐标是非线性的。

2. 伽马的使用

与 L^*ab 颜色坐标类似,伽马校正的颜色比线性颜色坐标具有更好的感知均匀性,因此在表示数字颜色(见图 19.9)时大有用处。特别是流行的图像压缩技术,如 JPEG,开始使用 $[R', G', B']^t$ 表示颜色,然后应用线性变换,从而得到新坐标 $[Y', C'_B, C'_R]^t$(注:经过简单的幂运算,该 Y' 与 Y 无关)。

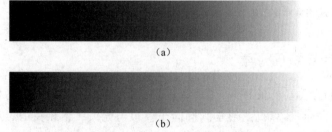

图 19.9　(a)颜色的线性渐变,因此(在显示器上)显示的 $[R', G', B']^t$ 坐标区间等距;(b)在存储之前已对线性渐变进行伽马校正,因此(在显示器上)显示的 $[R, G, B]^t$ 坐标区间等距,此图似乎迅速地从暗色状态移出,而在亮色上消耗更多的存储空间

相关但稍微复杂一些的非线性变换可以应用于 $[R', G', B']^t$,替换式(19.9),得到

sRGB 坐标 $[R'_{srgb}, G'_{srgb}, B'_{srgb}]^t$,现代的 LCD 显示器经过编程,使用这些坐标来呈现输入。

19.7.3　量化

sRGB 坐标的区间是实数 $[0..1]$,它需要量化来表示更多颜色。这通常在固定精度 $[0..255]$ 下完成(例如帧缓冲或文件格式)。在 C 语言中,这使用 unsigned char 来完成。我们指定这些量化值与真实颜色(如红色)坐标之间的如下关系:

```
byteR=round(realR * 255);
realR=byteR/255.0;
```

注意,对于任意设定的 byteR,如果将其转换为实数表示形式,然后又转回为字节表示形式,则取回初始值。使用以下表达式可以施加满足此性质的另一联系:

```
byteR=round(f>=1.0?255:(realR * 256)-.5);
realR=(byteR+.5)/256.0;
```

与上面的表示不同,这种量化为字节值的实数区间的大小都是相同的。但是 0 和 255 的字节值不会分别映射到 0 和 1(见图 19.10)。

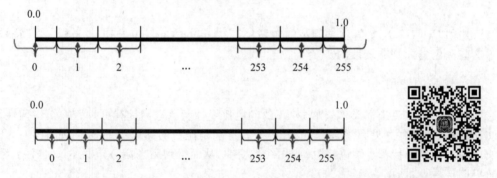

图 19.10 实数和字节值之间的两个映射。通过将每个实数范围量化为整数值来完成从实数到字节的映射。小青色箭头表示从字节到实数的映射

19.7.4　伽马校正与计算机图形学

一方面,图像通常存储在伽马校正的坐标中,并且显示器屏幕倾向于使用伽马校正过的坐标来显示颜色。另一方面,计算机图形学则倾向于模拟与光束线性相关的过程。因此,大多数计算机图形学计算使用颜色的线性表示,例如 $[R, G, B]^t$ 空间,在其中可近似地模拟反射率。其他渲染步骤(例如对透明度建模)以及用于消除锯齿的颜色混合也是线性的。其他渲染步骤(例如,对透明度建模以及用于抗锯齿的颜色值混合)也对光束中的线性过程进行了建模,因此应使用线性颜色坐标来完成。在数码摄影中,理想情况下应在

线性颜色空间中执行白平衡。多年来,这种差异导致了许多混淆和争议。

然而,最近这种情况有所改善。在当前版本的 OpenGL 中,可以调用 glEnable(GL_FRAMEBUFFER_SRGB)来请求 sRGB 帧缓冲区。然后可以从片段着色器中获得线性 $[R,G,B]^t$ 值,并且在传送至屏幕前将它们伽马校正为 sRGB 格式。

此外,对于纹理映射,通过调用 glTexImage2D(GL_TEXTURE_2D,0,GL_SRGB, twidth,theigh,0,GL_RG,GL_UNSIGNED_BYTE,pixdata) 可以指定输入到纹理的图像使用 sRGB 格式。每当在片段着色器中访问纹理时,数据会先转换为 $[R,G,B]^t$ 线性坐标,再传递给片段着色器。

习　　题

19.1　如果一台显示器拥有三种颜色元素,那么它是否可以生成所有的(实际)颜色?

19.2　如果一台相机具有三个匹配函数(线性独立),都是匹配函数 k_x,k_y,k_z 的线性组合,那么它是否可以通过此相机捕捉所有的实际颜色?

19.3　假设人类的灵敏度函数 k_s,k_m 和 k_l 形式不一,以致确实存在三种 LMS 颜色坐标分别为 $[1,0,0]^t$,$[0,1,0]^t$ 和 $[0,0,1]^t$ 的光分布。这对于实际颜色空间的形状意味着什么? 是否会影响习题 19.1 的结果?

19.4　假设给定如下矩阵变换,可以将颜色坐标 $[A,B,C]^t$ 转换为坐标 $[D,E,F]^t$:

$$\begin{bmatrix} D \\ E \\ F \end{bmatrix} = \boldsymbol{N} \begin{bmatrix} A \\ B \\ C \end{bmatrix}$$

另外,假设给定如下与匹配函数相关的矩阵变换:

$$\begin{bmatrix} k_h(\lambda) \\ k_i(\lambda) \\ k_j(\lambda) \end{bmatrix} = \boldsymbol{Q} \begin{bmatrix} k_a(\lambda) \\ k_b(\lambda) \\ k_c(\lambda) \end{bmatrix}$$

求将坐标 $[D,E,F]^t$ 转换为坐标 $[H,I,J]^t$ 的矩阵变换。

第 20 章

光 线 跟 踪

光线跟踪与标准的 OpenGL 管线渲染方法不同。本书不会过多讨论其主要内容,只在此概述其基本思想,可以参阅参考文献[23]和[56]了解更多内容。

20.1 循 环 排 序

简单来看,OpenGL 中基于光栅化的渲染可以视为下列算法的一个例子:

```
initialize z-buffer
for all triangles
   for all pixels covered by the triangle
      compute color and z
      if z is closer than what is already in the z-buffer
         update the color and z of the pixel
```

该算法的一个优点是以可预测的顺序只需要遍历一次三角形,甚至 Pixar 的离线软件 Renderman 也使用该基本算法。另一个优点是,在处理三角形时,只需要进行一次设定计算,就可以分摊在其中的所有像素上。如前所述,基于光栅化的渲染可以通过复杂的着色计算或者多通道算法来增强。同时可以利用一些高级算法,例如遮挡剔除[11],它不会渲染场景中被其他对象遮挡的三角形。

在光线跟踪的伪代码中,调换循环次序可以得到:

```
for all pixels on the screen
    for all objects seen in this pixel
        if this is the closest object seen at the pixel
            compute color and z
            set the color of the pixel
```

在第 2 行中,我们需要计算沿像素视线看到的对象(见图 20.1),需要计算光线和场景的交点。以下是光线跟踪的一些优点。

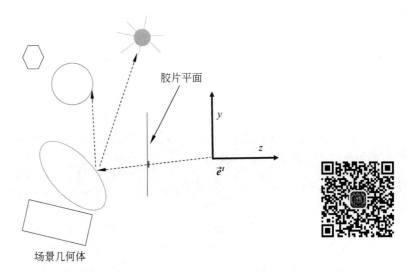

胶片平面

场景几何体

图 20.1　要为胶片平面上的像素着色,光源发出光线后,首先确定光线到达的第一个物
　　　　　体。此外,在交叉点朝光发出阴影射线,来确定该点是否处于阴影中。如果物
　　　　　体是镜面材料的,则向其投射反射光线

（1）不需要在计算被遮挡的物体的颜色上耗费计算资源;

（2）基于光线经过的交点的有序列表,易于使用式(16.4)来建模透明度(非折射);

（3）可以使用光线相交直接渲染光滑的对象,而不必先将它们分成三角形;

（4）易于渲染由体积集合运算表示的实体对象,例如它的并集或交集(见习题 20.3);

（5）最重要的是,可以编写合适的光线求交代码,实现各种各样包含场景中追踪几何
射线的计算。例如,模拟理想的镜面反射以及完成阴影计算等。

20.2　相　　交

光线跟踪主要需要计算几何光线$(\tilde{p}, \boldsymbol{d})$与场景中对象的交点,其中 $\tilde{p}$ 是光线的起
点,$\boldsymbol{d}$ 是其方向。

20.2.1　平面

假设计算$(\tilde{p}, \boldsymbol{d})$与平面 $Ax + By + Cz + D = 0$ 的交点,首先使用参数 λ 表示光线上
的每一点:

$$\begin{bmatrix} x \\ y \\ z \end{bmatrix} = \begin{bmatrix} p_x \\ p_y \\ p_z \end{bmatrix} + \lambda \begin{bmatrix} d_x \\ d_y \\ d_z \end{bmatrix} \tag{20.1}$$

把它代入平面方程中,可以得到:

$$0 = A(p_x + \lambda d_x) + B(p_y + \lambda d_y) + C(p_z + \lambda d_z) + D$$
$$= \lambda(A d_x + B d_y + C d_z) + A p_x + B p_y + C p_z + D$$

即

$$\lambda = \frac{-A p_x - B p_y - C p_z - D}{A d_x + B d_y + C d_z}$$

其中,λ 表示光线交点的位置(λ 取负值时,沿光线的反方向),可以通过比较 λ 值确定一组平面中与光线相交的第一个平面。

20.2.2　三角形

当光线与三角形相交时,我们可以将其分解为两步。第一步,计算三角形所在的平面 $ABCD$,并使用上述方法计算光线与该平面的交点。第二步,使用式(12.4)的"逆时针"计算来测试该交点是否在三角形的内部。图 20.2 和图 20.3 分别显示了测试点 $\tilde{q}$ 在三角形 $\triangle(\tilde{p}_1 \tilde{p}_2 \tilde{p}_3)$ 内部和外部的情况。

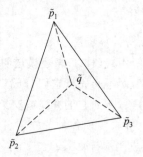

图 20.2　点 $\tilde{q}$ 在三角形内部。所有子三角形的时钟性相同

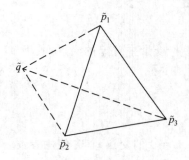

图 20.3　点 $\tilde{q}$ 在三角形外部。子三角形 $\triangle(\tilde{p}_1 \tilde{p}_2 \tilde{q})$ 的时钟性与其他两个子三角形不同

考虑三个"子"三角形 $\triangle(\tilde{p}_1 \tilde{p}_2 \tilde{q})$,$\triangle(\tilde{p}_1 \tilde{q} \ \tilde{p}_3)$ 和 $\triangle(\tilde{q} \ \tilde{p}_2 \tilde{p}_3)$。当 $\tilde{q}$ 在 $\triangle(\tilde{p}_1 \tilde{p}_2 \tilde{p}_3)$

之内时,所有的子三角形的时钟性相同。当 $\tilde{q}$ 在三角形外时,子三角形的时钟性不同。

20.2.3　球体

光线与平面交点的思想可以适用于计算光线与球体的交点。当球体的半径为 R,中心为 c 时,球体上的点 $[x,y,z]^t$ 满足方程 $(x-c_x)^2+(y-c_y)^2+(z-c_z)^2-r^2=0$。将其代入式(20.1)得到:

$$
\begin{aligned}
0 &= (p_x+\lambda d_x-c_x)^2+(p_y+\lambda d_y-c_y)^2+(p_z+\lambda d_z-c_z)^2-r^2 \\
&= (d_x^2+d_y^2+d_z^2)\lambda^2+(2d_x(p_x-c_x)+2d_y(p_y-c_y)+2d_z(p_z-c_z))\lambda + \\
&\quad (p_x-c_x)^2+(p_y-c_y)^2+(p_z-c_z)^2-r^2
\end{aligned}
$$

然后,使用二次方程(quadratic formula)计算实根 λ。如果有两个实根,则代表有两个交点,分别表示光线进入和离开球体的交点;如果只有一个实根(或两个实根相同),则交点为切点。如果没有实根,则光线与球体相离。如上所述,任意交点都可以沿着光线返回。

交点 $[x,y,z]^t$ 处的球面法线在 $[x-c_x,y-c_y,z-c_z]^t$ 的方向上,并利用该结论完成阴影计算。

20.2.4　预排除

当计算光线在场景内的交点时,可以使用辅助数据结构来快速确定光线完全避开了哪些对象,而不是对每个场景对象都进行测试。例如,使用一个简单的形状(大的球体或盒子)来封装一组对象。光线进入场景时,首先计算光线是否与该几何体相交。如果没有,那么很明显该光线将避开几何体中的所有对象,并且不再需要对它们进行光线相交测试。可以使用层次结构和空间数据结构拓展该思想,参见参考文献[73]。

20.3　二 次 光 线

我们介绍了光线相交的基础知识,可以很容易地模拟许多光学现象。例如,根据点光源模拟阴影。为了确定场景点是否在阴影中,可以从该点向光源发送"阴影射线",从而确定是否存在几何体遮挡的情况(见图 20.1)。

另一个简单的模拟是镜面反射(折射的情况类似)。在这种情况下,使用式(14.1)计算反射方向,并在该方向上发射"反射光线"(见图 20.1)。然后计算该光线到达点的颜色,从而确定镜子上源点的颜色,该方法可被多次递归应用,从而模拟若干次镜面反射或折射(见图 20.4)。

图 20.4 首次使用递归光线跟踪渲染的图像之一（参见参考文献[77]）

20.3.1 更多应用

第 21 章将详细介绍积分计算,从而实现更逼真的光学模拟。可以通过对一组样本的分布求和来近似积分,计算这些样本的值通常需要在场景中进行光线跟踪。

例如,我们可能想要模拟一个有限面积大光源照射下的场景。不考虑其他因素,这会产生软阴影边界(见图 21.8)。通过向区域光发射大量阴影射线并确定其中照射到光源的射线量,可以近似模拟这种**区域光源**(**area light sources**)照明。还有其他类似的效果也需要光线跟踪,如相机镜头的聚焦和内部反射,第 21 章将介绍这些内容。

习 题

20.1 实现一个基本的光线跟踪器,该跟踪器中的每个像素向场景中发射一束光线,并对到达的最近表面点着色。可以使用由平面、球体和三角形组成的简单场景来测试该光线跟踪器。

20.2 基于习题 20.1,为你的光线跟踪器添加阴影计算以及(递归的)镜面反射计算。

20.3 基于习题 20.2,为你的光线跟踪器添加 CSG。

假设场景由实体"基本"对象构成,例如球体和椭圆体(或者圆柱体和立方体)的实体内部。可以将新获得的体积对象定义为这些基本对象的体积并集、差集和交集,这种表示方法称为**构造实体几何**(**constructive solid geometry,CSG**),即可以继续递归并通过集合运算创建 CSG 对象。整体上,可以使用表达式树表示 CSG 对象,内部节点表示集合运算,叶子节点表示基本对象。

　　基于计算光线与基本对象的交点的代码,就能对 CSG 对象进行光线跟踪。当计算光线与基本对象的交点时,不仅要存储相交最近的点,还要存储相交的区间,即从光线进入和离开物体的位置区间。那么当计算光线与两个基本对象的交集(每个对象用自己的区间表示)的交点时,可以简单地计算两个输入区间的交集。同样的思想可以应用于一般的 CSG 表达式树(注意,一般的 CSG 对象可能是非凸的,因此光线和它们之间的交点可能由多个相交区间组成)。

第 21 章

光（高阶）

本章将详细介绍光与反射的测量和表示。本章内容对计算机图形学入门者来说不是必须的，但是对完成高质量的渲染非常重要，这些渲染在独立软件中完成，并且与 OpenGL 的渲染流程不同，是高级计算机图形学中最成熟的部分之一。本章涵盖的内容比本书其余部分更加高阶，Jim Arvo[3] 和 Eric Veach[71] 的博士学位论文也介绍了这些内容。

模拟高质量的光[71,30] 分为两步。首先，确定测量光和反射的专有单位，推导出模拟场景中光线行为的方程。其次，确定计算方程近似解的算法，它们充分利用了在第 20 章中介绍的光线跟踪基础结构。本章将重点介绍推导方程的基础知识，且仅涉及后续的算法问题。

光的基本模型是"几何光学"模型，我们认为光是在空间中飞行的光子场。在自由空间中，每个光子在直线上不受干扰地飞行，且它们以相同的速度移动。当光子撞击表面时，它们会从该点向各个方向散射。同时假设该场处于平衡状态。

21.1 单 位

生成高真实感图像的第一步是确定测量光线的单位。这将从一些简单的光子测量开始，引出一个常用的单位——辐射率。

21.1.1 辐射通量

可将光视为空间中沿各个方向飞行的一束光子。想象出空间中存在一个"感光元件"(W, X)，其中 X 是平滑的虚拟参考面，W 是方向楔形。该感光元件计算从楔形 W 内任何方向进入并通过表面 X 的光子数量。假设 X 为场景的物理表面，或者感光元件位于自由空间中（见如图 21.1）。

然后，该传感器计算每秒接收的光子数。每个光子的能量单位是**焦耳（joule）**。通过将能量除以时间（单位是秒），可以得到辐射通量 $\Phi(W, X)$，单位是**瓦特（watt）**。

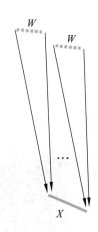

图 21.1 传感器计算从楔形 W 内入射方向通过 X 的光子数量，即辐射通量 $\Phi(W,X)$

接下来，假设（或通过实验验证）$\Phi(W,X)$ 随着传感器的几何形状的变化（平移、旋转或缩放）而变化。基于该假设，接下来定义一系列常用的辐射度量。

21.1.2 辐照度

首先，我们想要定义一种光的测量方法。例如，在一个非常小的传感器平面 X 上，法向量为 $\boldsymbol{n}$，它不依赖于传感器 X 的实际尺寸。我们可以通过简单地将辐射通量除以传感器的面积（单位是平方米），从而得到如下度量：

$$E(W,X) := \frac{\Phi(W,X)}{|X|}$$

我们可以围绕单个点 $\tilde{x}$ 越来越小的范围 X 上测量 $E(W,X)$。基于 Φ 合理的连续性假设，该比率将收敛到一个值，称作**辐照度**（**irradiance**），$E_n(W,\tilde{x})$（见图 21.2）。这里需保留 $\boldsymbol{n}$ 来表示此测量序列中传感器平面缩小的方向，如果在不同法向量 $\boldsymbol{n}'$ 的不同表面 X' 上测量相同的点 $\tilde{x}$，结果将获得不同的 $E_{n'}(W,\tilde{x})$（由于楔形 W 是有限的，现在无法确定 $E_n(W,\tilde{x})$ 与 $E_{n'}(W,\tilde{x})$ 的关系。之后，当定义辐射率时，可以将 W 缩小为单个向量。在这种情况下，余弦函数就能将测量值与不同的法向量相关联）。

文献中的记法通常省略 E 的第一项参数 W，可根据约定或上下文推断。例如，在某些情况下，W 显然是该点上方的整个上半球。类似地，法向量参数通常被省略并同样可由上下文推断出。

假设将有限的传感器表面 X 分解成一组较小的表面 X_i，然后可计算整个传感器的通量和

$$\Phi(W,X) = \sum_i \Phi(W,X_i) = \sum_i |X_i| E(W,X_i)$$

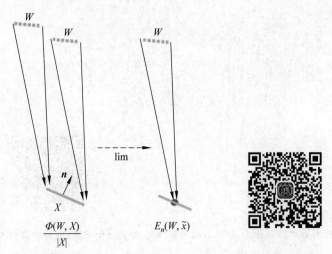

图 21.2   将辐射通量除以 $|X|$。在极限情况下,即变为点式入射的辐照度 $E_n(W, \tilde{x})$

同样地,基于 Φ 合理的连续性假设,辐照度表示为

$$\Phi(W, X) = \int_X \mathrm{d}A \, E_{n(\tilde{x})}(W, \tilde{x})$$

其中,$\int_X$ 表示表面 X 上的积分;$\mathrm{d}A$ 表示 $\tilde{x}$ 的面积。

21.1.3   辐射率

接下来,定义一种不依赖于 W 大小的测量方法,因此将辐照度除以 $|W|$,即 W 的**立体角**(**solid angle**)度量。简单地将原点方向上的楔形立体角定义为单位球上楔形所覆盖的区域。这些单位称为**球面度**(**steradians**),其中全方向楔形覆盖的球面度为 4π。

将辐照度除以 $|W|$,定义如下新的辐射度量:

$$L_n(W, \tilde{x}) = \frac{E_n(W, \tilde{x})}{|W|}$$

当楔形趋近于无穷小时,使用指向 $\tilde{x}$ 的向量 w 来表示。同样,基于 Φ 的连续性假设,该值将收敛为 $L_n(w, \tilde{x})$。其中,w 是一个方向向量,而不是楔形(见图 21.3)。

我们将 $L_n(w, \tilde{x})$ 转换为 $L_{-w}(w, \tilde{x})$ 以消除对 n 的依赖,即考虑入射光垂直于 X 平面时的情况。为此,必须计算不垂直时传感器表面积的比例,即

$$L(w, \tilde{x}) := L_{-w}(w, \tilde{x}) = \frac{L_n(w, \tilde{x})}{\cos(\theta)}$$

其中,θ 是 n 和 $-w$ 的夹角。省略 $L_{-w}(w, \tilde{x})$ 的法向量,将其简单地记作 $L(w, \tilde{x})$,并称为**入射辐射率**(**incoming radiance**),如图 21.3 所示。综上所述:

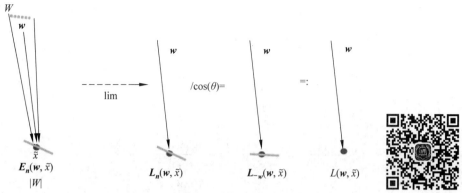

图 21.3　将辐照度除以 $|W|$，得到 $L_n(W,\widetilde{x}) = \dfrac{E_n(W,\widetilde{x})}{|W|}$，它收敛于 $L_n(w,\widetilde{x})$。通过除以 $\cos(\theta)$，

将其转换为 $L_{-w}(w,\widetilde{x})$。省略下标即得到光线的辐射率 $L(w,\widetilde{x})$

$$L(w,\widetilde{x}) := \frac{1}{\cos(\theta)} \lim_{W \to w} \frac{1}{|W|} \left(\lim_{X \to \widetilde{x}} \frac{\Phi(W,X)}{|X|} \right) \tag{21.1}$$

另外，若给定空间和角度变化的 $L(w,\widetilde{x})$，则可以计算传感器 (W,X) 上的辐射通量：

$$\Phi(W,X) = \int_X dA \int_W dw L(w,\widetilde{x}) \cos(\theta)$$

其中，dw 是球面度的微分值。辐射率可以测量一个点及方向上的光，而无须记录测量设备的大小和方向。此外，尽管辐射率的表示中包含一个 3D 点变量 $\widetilde{x}$（参见下式），但实际上，沿同一光线不同位置的辐射率在自由空间中保持不变，即

$$L(w,\widetilde{x}) = L(w,\widetilde{x}+w)$$

给定表面上一点 $\widetilde{x}$，计算从该点出发在 w 方向上的**出射辐射率**（**outgoing radiance**）$L(\widetilde{x},w)$（调换 L 的参数顺序以便区分入射和出射辐射率），将其定义为

$$L(\widetilde{x},w) := \frac{1}{\cos(\theta)} \lim_{W \to w} \frac{1}{|W|} \left(\lim_{X \to \widetilde{x}} \frac{\Phi(X,W)}{|X|} \right)$$

其中 $\Phi(X,W)$ 是**离开**（**leaving**）有限表面 X 并沿向量穿过楔形 W 的光子的辐射通量（注意参数的顺序）。

在自由空间中，显然有 $L(w,\widetilde{x}) = L(\widetilde{x},w)$。

辐射率对于光模拟过程中的计算最为有用，第 14 章和第 20 章也介绍过类似的方法。例如，在 OpenGL 片段着色器中计算 3D 点 $\widetilde{x}$ 的颜色时，可以将其等价为计算出射辐射率 $L(\widetilde{x},v)$，其中，v 是"视图向量"（译者注：view vector）。该出射辐射率的值与图像平面上对应取样位置的入射辐射值相同，因此可以用于像素着色。同样，在光线跟踪中，当我们追踪光线 $(\widetilde{x},d)$ 时，可以将其等价为计算入射辐射值 $L(-d,\widetilde{x})$。

同一光线上辐射率的恒定性（选读）

假设在自由空间中，沿向量 w 移动传感器 (W,X)，从而得到新的传感器 (W,X')，其中，$X' = X + w$（见图 21.4）。在这种情况下，测量的通量将不一致，即 $\Phi(W,X) \neq$

$\Phi(W,X')$。但如果计算的是辐射率,对通量取极限时,就会得到相等的结果:

$$L\,(w,\widetilde{x}\,):=\frac{1}{\cos(\theta)}\lim_{W\to w}\frac{1}{|W|}\left(\lim_{X\to\widetilde{x}}\frac{\Phi(W,X)}{|X|}\right)$$

$$=\frac{1}{\cos(\theta)}\lim_{X\to\widetilde{x}}\frac{1}{|X|}\left(\lim_{W\to w}\frac{\Phi(W,X)}{|W|}\right)$$

$$=\frac{1}{\cos(\theta)}\lim_{X\to\widetilde{x}}\frac{1}{|X|}\left(\lim_{W\to w}\frac{\Phi(W,X+w)}{|W|}\right)$$

$$=\frac{1}{\cos(\theta)}\lim_{X'\to\widetilde{x}+w}\frac{1}{|X'|}\left(\lim_{W\to w}\frac{\Phi(W,X')}{|W|}\right)$$

$$=\frac{1}{\cos(\theta)}\lim_{W\to w}\frac{1}{|W|}\left(\lim_{X'\to\widetilde{x}+w}\frac{\Phi(W,X')}{|X'|}\right)=L\,(w,\widetilde{x}+w)$$

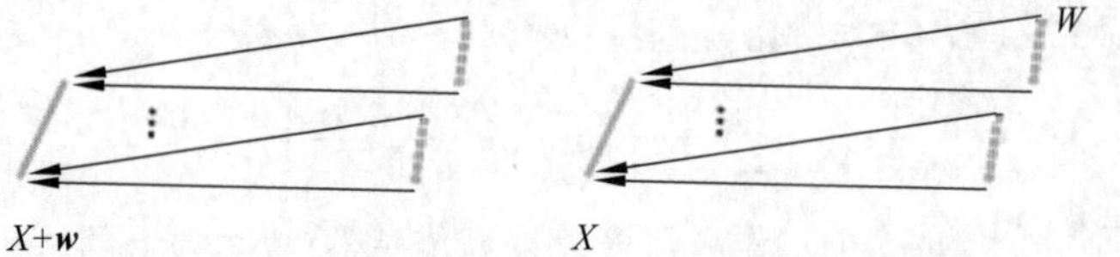

图 21.4　沿着中央方向 w 移动传感器。当楔形无穷小时,即测量几乎完全相同的光子。由此得出结论,沿同一光线的辐射率保持恒定

在第 3 行中,利用已知结论进行等价代换,即楔形趋于无穷小时,新的传感器与原传感器测量的光子集合相同:

$$\lim_{W\to w}\frac{\Phi(W,X')}{\Phi(W,X)}=1$$

因此,可以说沿着同一光线的辐射率是恒定的。

这种恒定性本质上基于如下两个事实。一是,物理学上的假设表明,自由空间中的通量 Φ 仅取决于测量的有向直线集合,而不是测量的位置。二是,如果使用方向 w 和到达平面 X 表示任意有向直线集合 S,则有**直线测量值**(line measurement)$\int_{S}\mathrm{d}\omega\,\mathrm{d}A_X\cos(\theta)$ 并不依赖于平面 X 的选择。 专业地说,即辐射率仅仅是直线测量中的通量**密度**(density),与 $\widetilde{x}$ 的选择无关。

21.2　反　　　射

当光从入射方向为 w 的楔形 W 进入,并且撞击物体表面上的点 $\widetilde{x}$ 时,一部分光将从表面反射。简单地假设所有的反射都是以点为单位的,即入射到一点上的光只在该点上反射。当测量沿着反射方向为 v 的楔形 V 反射的光时,这种反射的各项参数取决于材料的物理特性,我们使用入射光与出射光的比例函数 f 来表示该反射。为该比例确定单位

时，我们的主要原则是，当入射和出射楔形趋向于无穷小时，该**比例收敛**。这也暗含了第二个原则（理想情况下）为，该比例（对于足够小的楔形而言）**并不取决于楔形的大小**。

本节将推导出反射的基本表示方法，BRDF。对于特殊材料，如纯镜面和折射介质，其表示方法略有不同。

21.2.1　BRDF

通过实验验证大多数材料（纯镜面和透镜除外）存在如下漫反射现象。给定任意固定的入射光，反射光将随着出射楔形的变换而连续变化。因此，如果将一个小小的出射楔形 V 放大两倍，出射通量也将变为之前的两倍左右。所以，为了使比例函数 f 的分子不依赖于 V 的大小，应该使用辐射率，即出射辐射率：$L^1(\tilde{x}, v)$。其中，L^1 的上标表示该值为反射光子的测量值。

我们可以类似地验证大多数材料（纯镜面和透镜除外），如果所有的光都来自一个小型楔形 W，并将这个入射楔形的宽度加倍，那么沿着固定的出射楔形反射的辐射通量，即沿固定的出射方向反射的辐射率也差不多加倍。因此，为了使比例不依赖于 W 的大小，需要将分母加倍，通过入射光的辐照度来表示。

综上，反射可以表示为

$$f_{\tilde{x},n}(W,v) = \frac{L^1(\tilde{x},v)}{E_n^e(W,\tilde{x})} = \frac{L^1(\tilde{x},v)}{L_n^e(W,\tilde{x})\,|W|}$$

带上标的 L^e 表示由某些光源**发出**（emitted）且尚未反射的光子。再次，将入射楔形缩放无穷小至一个固定的 w，该结果将收敛至 $f_{\tilde{x},n}(w,v)$。函数 f 称为**双向反射分布函数**（bi-directional reflection distribution function）或 **BRDF**，该函数可以随入射和出射方向变化（见图 21.5）。

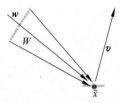

图 21.5　BRDF 的数值为出射辐射率与入射辐照度的比例

最简单的 BRDF 是常数 BRDF，$f_{\tilde{x},n}(w,v)=1$，这表示漫反射材料的性质，即一点上的出射辐射率与 v 无关。注意：这并不意味着入射光子在所有出射方向上均匀散射。实际上，在漫反射表面，更多的光子在表面法向量方向上散射，光子量以余弦速度下降，在入射余角处降为 0。相反，出射**辐射率**（radiance）不依赖于出射角，因为辐射率的定义本身含有余弦因子，这就抵消了其"下降"因素。直观地说，当从入射余角观察漫射面时，表面单位面积内反射的光子量变得更少，但与此同时，通过传感器会看到更多的表面区域。

通过如下方式，可推导出更为复杂的 BRDF 函数。

(1) 设计一些函数，增强材料在图像中的视觉效果，参见第 14 章。

(2) 使用物理学假设和统计分析推导 BRDF 函数，这涉及物理学上对光和材料更深入的理解。

(3) 使用设备测量真实材料的 BRDF。这可以通过大型列表的形式存储，或使用某种函数的形式近似(见图 21.6)。

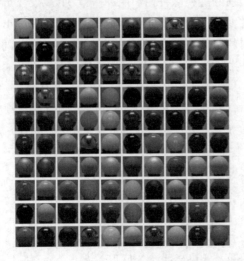

图 21.6 由测量设备捕获的 **BRDF** 阵列[47]

计算法向量为 n 的表面上一点 $\widetilde{x}$ 的反射辐射率 $L^1(\widetilde{x},v)$，当光从 $\widetilde{x}$ 上方的半球 H 入射时，假设 H 被分解成一组有限的楔形 W_i，则可以通过求和计算：

$$L^1(\widetilde{x},v) = \sum_i |W_i| f_{\widetilde{x},n}(W_i,v) L_n^e(W_i,\widetilde{x})$$

同样地，使用 $f_{\widetilde{x},n}(w,v)$ 和 $L^e(w,\widetilde{x})$，则可以通过积分计算：

$$L^1(\widetilde{x},v) = \int_H \mathrm{d}\omega \, f_{\widetilde{x},n}(w,v) L_n^e(w_i,\widetilde{x}) \tag{21.2}$$

$$= \int_H \mathrm{d}\omega f_{\widetilde{x},n}(w,v) L^e(w_i,\widetilde{x}) \cos(\theta) \tag{21.3}$$

这就是**反射方程**（**reflection equation**），它是大多数光模拟模型的基础(见图 21.7)。

21.2.2 镜面与折射

使用 BRDF 的表示形式对纯镜面反射和折射建模并不容易。镜面材料的反射辐射率 $L^1(\widetilde{x},v)$，仅取决于沿单一光线的入射辐射率 $L^e(-B(v),\widetilde{x})$，这里的 B 是式(14.1)中的反射运算符。

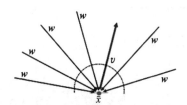

图 21.7 为计算反射辐射率$L^1(\widetilde{x},v)$，反射方程对所有

到达 $\widetilde{x}$ 的入射光线 w 求积分

加倍扩大含有$-B(v)$的入射楔形，对$L^1(\widetilde{x},v)$没有影响。因此，对于镜面材料，将其反射特性表示为

$$k_{\widetilde{x},n}(v)=\frac{L^1(\widetilde{x},v)}{L^e(-B(v),\widetilde{x})} \tag{21.4}$$

其中，$k_{\widetilde{x},n}(v)$是材料系数。因此，将反射方程代换为

$$L^1(\widetilde{x},v)=k_{\widetilde{x},n}(v)L^e(-B(v),\widetilde{x})$$

这种情况不需要计算积分。因此，镜面反射在算法上比较容易计算，并且在光线跟踪程序中也容易实现。

当光在具有不同折射率的介质之间通过，例如当光进出玻璃时，光线会按照一定的规律发生弯曲。像镜面反射一样，在介质界面处，出射光线的辐射率只受到单一入射光线辐射率的影响。另外，使用式（21.4）中的"辐射率比"是最简单的方法。

21.3 光 照 模 拟

嵌套地使用反射方程可以描述光在环境中的多次反射，该方法通常需要计算定积分。该计算常常在积分区间上通过某种离散采样实现。

基于第 14 章中的明暗模型，本节将进行简单的光线模拟，并构建更复杂的模型。

我们使用 L 表示场景中某组光子整体的辐射率分布，包括场景中所有地方的入射和出射度量。使用 L^e 表示未反射（已发射）的光子，L^i 表示经过反射 i 次的光子的辐射率。

21.3.1 直接点光源

在基本的 OpenGL 渲染模型中，光线不是来自面光源，而是来自**点光源**（**point lights**）。这种点光源的确符合前面提及的连续性假设，但不适用于上述表示形式。事实上，对于点光源，只需以如下等式代替反射方程：

$$L^1(\widetilde{x},v)=f_{\widetilde{x},n}(-l,v)E_n^e(H,\widetilde{x})$$

其中 E^e 表示从点光源射向 $\widetilde{x}$ 且未经反射的辐照度，l 是从 $\widetilde{x}$ 指向光源的"光线向量"，可用任意方法计算 E^e。例如，在现实世界中，极小球形光源在某一点 $\widetilde{x}$ 处的辐照度与 $\dfrac{\cos(\theta)}{d^2}$ 成正比，其中 d 表示光源与表面之间的距离，这是因为小型光源的立体角以 $\dfrac{1}{d^2}$ 的速度减小（另一方面，这种距离减小项往往使得图像过暗，因此不常使用）。同时注意，我们已经在第 14 章中提及过 $\cos(\theta) = n \cdot l$。

21.3.2　直接面光源

假设光源具有一定面积，并且的确需要计算反射方程的积分。在这种情况下，式(21.2)中 H 上的被积函数仅在"看见"光源的入射方向 w 上非零。

如果通过有限数量的入射方向 w_i 来逼近积分，则可利用光线跟踪的方法来计算 $L^e(w_i, \widetilde{x})$ 的值。当随机选择光线方向时，该方法称作分布式光线跟踪[13]。由于光线求交是一项耗时耗力的操作，所以精确计算这些积分的成本极高。

当光源被其他几何体局部遮挡时，这种积分产生的阴影具有柔和的边界，这是因为光接收面上的邻近点可以看到不同量的面光源（见图 21.8）。

图 21.8　面光源下的积分会产生柔和的阴影[69]

21.3.3　二次反射

我们可以通过反射方程计算二次反射光子的光分布 L^2，用 L^1 替换"输入的" L^e。

$$
\begin{aligned}
L^2(\widetilde{x}, v) &= \int_H \mathrm{d}\omega\, f_{\bar{x},n}(w, v)\cos(\theta)\, L^1(w, \widetilde{x}) \\
&= \int_H \mathrm{d}\omega\, f_{\bar{x},n}(w, v)\cos(\theta)\int_{H'}\mathrm{d}\omega'\, f_{\widetilde{x}',n'}(w', w)\cos(\theta')\, L^e(w', \widetilde{x}') \\
&= \int_H \mathrm{d}\omega\int_{H'}\mathrm{d}\omega'\, f_{\bar{x},n}(w, v)\cos(\theta)\, f_{\widetilde{x}',n'}(w', w)\cos(\theta')\, L^e(w', \widetilde{x}')
\end{aligned}
$$

在该表达式中，$\tilde{x}'$ 是光线 $(\tilde{x}, -w)$ 首先到达的点。在交点处，n' 表示法向量，H' 表示上半球，w' 表示入射方向，与 n' 的夹角为 θ'（见图 21.9）。

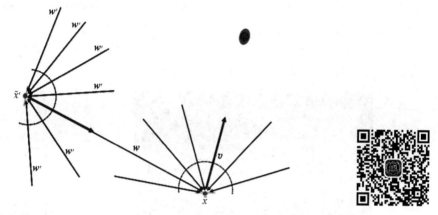

图 21.9 为计算 L^2，需两个嵌套积分。对于射向 $\tilde{x}$ 的每个方向 w，总能找到该方向上光线射向的另一点 $\tilde{x}'$，然后对 $\tilde{x}'$ 上的半球积分

一经计算，可对 $L^e(\tilde{x}, v) + L^1(\tilde{x}, v) + L^2(\tilde{x}, v)$ 求和，并将其作为该点在图像平面上的视觉颜色。

如上面等式的第 2 行所示，计算 L^2 的一种方法就是使用分布式光线跟踪来递归地求嵌套积分。即外层循环对 $\tilde{x}$ 上方的半球积分，每个示例方向 w 上的光线总能射向另一点 $\tilde{x}'$，然后使用同样的方法计算其上方的半球积分（见图 21.10）。

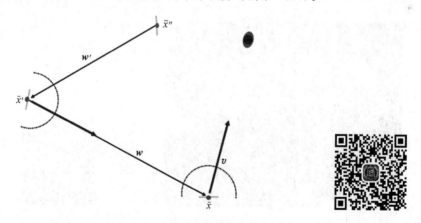

图 21.10 L^2 的积分可表示为两线段路径和

另外，如上述等式的第 3 行所示，还有其他方法可以表示这种积分。令光线 $(\tilde{x}', -w')$ 首先到达的点为 $\tilde{x}''$，且在积分中，变量 (w, w') 中的每一项对应**两线段几何路径（geometric path of length two）** $(\tilde{x}, \tilde{x}', \tilde{x}'')$ 之一。将该被积函数视为光的运算，此光线从

$\tilde{x}''$ 处发射,在 $\tilde{x}'$ 处反射,然后在 $\tilde{x}$ 处沿 v 反射。因此,为了方便计算,将该过程视为相应路径空间上的积分,并非两半球上的嵌套积分,从而产生名为"路径跟踪"的积分算法[71]。

二次反射光 L^2 虽然不如直射光重要,但需要用它来模拟周围环境的模糊反射,它还能产生一种不太明显的颜色溢出效果(见图 21.11)。同时,它也能观察到**焦散效果**(**caustic effects**),在这种情况下,光线会在镜面或可折射介质上反射,并在漫反射表面上产生亮点,最后光线反射至眼睛(见图 21.12)。

图 21.11　二次反射光 L^2 可以解释球体在光泽地板上的模糊反射以及从墙壁到天花板上的颜色溢出现象,图中可见一条两线段路径[29]

图 21.12　二次反射光会产生在地面上观察到的焦散效果,图中可见一条两线段路径[29]

21.3.4　拓展

在现实世界中,光会在环境中反射多次。因此,观察到的光线**总量**(**total**)L^t 是来自光源以及经**任意**（**any**）次反射后光线的总和。

$$L^t = L^e + L^1 + L^2 + L^3 + \cdots$$

每次反射都有一些光被吸收，使得高阶（多次）反射项变小，从而总和收敛。

高阶反射可以解释环境中整体的明暗分布（见图 21.13）。在多数情况下，可以通过降低精度和空间分辨率实现。

图 21.13　多次反射可模拟环境中的明暗分布[72]

在软件渲染中，我们使用采样及求和来计算积分，这些方法包括分布式光线跟踪[13]，路径追踪[71]，辐射率算法[75]和光子映射[30]。

在 OpenGL 中，多通道渲染和预处理纹理的结合可以实现大部分效果，其中"环境光遮挡"技术[39]比较流行。

21.3.5　渲染方程(选读)

L^t 可视为 L^i 的无限和，还能将 L^t 看作**渲染方程**（**rendering equation**）的解。这种观点能为光模拟探索其他的思路和算法。

将反射方程简化为

$$L^1 = B L^e$$

其中，B 表示将光分布映射到光分布的反射运算符，利用反射方程和反射运算符，可写作 $L^{i+1} = B L^i$。

综上得到：

$$
\begin{aligned}
L^t &= L^e + L^1 + L^2 + L^3 + \cdots \\
&= L^e + B(L^e + L^1 + L^2 + L^3 + \cdots) \\
&= L^e + B L^t
\end{aligned}
$$

这表示该方程须适用于整体均衡分布 L^t。

对于表面上一点，将其展开为

$$L^t(\widetilde{x}, v) = L^e(\widetilde{x}, v) + \int_H d\omega \, f_{\widetilde{x},n}(w, v) L^t(w, \widetilde{x}) \cos(\theta)$$

该表示形式即为渲染方程。注意，L^t 出现在方程的两边，因此它不仅是一个定积分，而是一个积分方程（**integral equation**）。

21.4　感光元件

在场景中放置一个（虚拟）相机，以捕获光分布 L^t（即场景中光的整体均衡分布）的图像。对于针孔相机，只是沿着从像素到针孔的单条光线捕获每个像素或样本位置处的入射辐射率。对于真实相机（或仿真相机），需要有限大小的光圈和快门速度，以便在感光平面捕获有限数量的光子（见图 21.14）。对于这种相机，可以将像素 (i,j) 处的光子数表示为

$$\int_T dt \int_{\Omega_{i,j}} dA \int_W d\omega \, F_{i,j}(\widetilde{x}) L^t(w, \widetilde{x}) \cos(\theta) \tag{21.5}$$

其中，T 表示快门持续时间，$\Omega_{i,j}$ 表示像素 (i,j) 上的感光空间，$F_{i,j}$ 表示像素 (i,j) 在胶片上一点 $\widetilde{x}$ 处的空间灵敏度，W 是从光圈到胶片上一点的楔形向量。

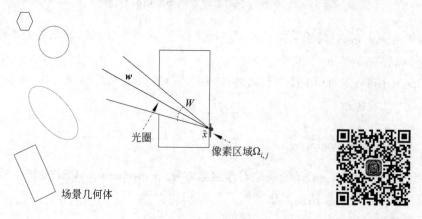

图 21.14　在相机中的光圈和像素区域上求积分

在光圈前放置透镜以分配光线。最简单的透镜模型称为**薄透镜**（**thin lens**）模型，其几何结构如图 21.15 所示。该透镜使得特定深度平面上的物体聚焦，由于 $\int_W$ 运算，处于其他深度处的物体则会失焦。

在 16.3 节中，像素域上的叠加会产生抗锯齿现象。过长的快门时间会动态模糊（见图 21.16）。大光圈会产生特定的聚焦和模糊效果，也称为**景深**（**depth of field**）效果（见图 21.17）。

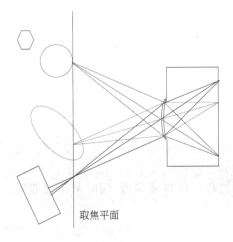

取焦平面

图 21.15　在光圈前放置薄透镜的效果图。这能在特定深度平面上聚焦光线，该平面前后的物体均会失焦而变得模糊

图 21.16　首次发表的每像素由大量光线渲染的图像之一[13]

图 21.17　大光圈会产生聚焦效果[38]

21.5   积 分 算 法

如上所述,从定义的 L^e 入手,计算反射光 L^1,尤其是整体均衡分布 L^t,都需要计算(嵌套)定积分。而且,计算胶片上的像素值时也涉及积分运算,通常将积分计算转化为对被积函数的某样本集求和。

高真实感图像渲染领域的多数工作都在研究近似积分的最佳方法。其中,高效计算的主要思想包括如下几点。

(1) 随机选择样本[13]。避免逼近过程中的显著误差,同时可使用期望参数讨论方法的正确性。

(2) 尽可能重用计算结果[75],[29]。如果已知一点处的辐照度,即可与其邻近点共享该数据。

(3) 更加关注会对输出产生最多影响的部分。例如,不必过多关注辐射率低的光线[71]。

这里可以得到两方面的经验:一是,积分越多意味着更多的计算工作;但另一方面,每个积分通常可看作某种模糊运算。因此,更多积分意味着所需的精度更低。为了提高效率,我们不应花费太多精力来计算将会模糊且不影响最终图像的细节。例如,应用更多的精力来计算直接光照,而不是间接光照。

21.6   其他光学效应

本节介绍一些其他的光学效应(在前面介绍的简单的光和反射模型中并未涉及)。光线穿过雾时,会发生散射现象。表面吸收光线后再重新发射(通常以不同的波长)时会产生荧光,有时还会产生偏振和衍射效应。

次表面散射(又称为子面散射)是一个十分有趣且重要的效应,光从某种材料上的一点射入,在该表面的内部散射,并从入射点周围的有限区域射出。这将产生柔和的效果,对皮肤和大理石等表面建模非常重要(见图 21.18)。

(a)   (b)   (c)

图 21.18   从图(a)到(c),次表面散射的效果逐渐增加,图(c)中的人物则看起来最小[31]

习　　题

21.1　给定一个漫射壁，所有点上入射半球的辐照度都相同，求出射辐射率的分布。

21.2　如果使用有限的传感器观测习题 21.1 中的漫射壁，并计算 $\Phi(W, X)$，那么该通量与传感器到漫射壁间的距离有什么关系？与放置角度的关系又如何？

21.3　基于光线跟踪，利用多条光线渲染景深的效果，或面光源的柔和阴影。

21.4　了解光子映射，该算法在光源处生成光子，并沿光线将其发射至场景中。使用 **kd 树**（**kd-tree**）存储被吸收的光子，从而确定表面点的颜色。

第 22 章

几何建模基础

在计算机图形学中,几何建模可以表示、创建和修改形状。该主题涵盖广泛的内容[21],[76],[7],在此我们仅作概述,仅详细介绍目前正受欢迎的表示形式——细分曲面。

22.1 三角形集合

在 OpenGL 的渲染中,最直观的呈现形式即为**三角形集合**(**triangle soup**)(译者注:三角形集合中的三角形均为独立的三角面片,不包含拓扑信息),其中每个三角形均由三个顶点确定(见图 22.1)。我们常充分利用该数据来减少冗余,如在许多情况下,每个顶点仅存储一次,即使它被多个三角形共享。另外,使用诸如"三角形扇"和"三角形带"之类的呈现形式[79]可以更紧密地表示连接信息。

相关的呈现形式还包括四边形集合(对于四边形)和多边形集合(对于普遍的多边形)。当硬件渲染时,首先需将这些多边形分割为三角形,然后再使用一般的三角形流程绘制。

创建由三角形表示的几何体有许多方法。特别是,可利用建模工具从头开始创建,也可以对一个光滑表面进行细分(见图 22.1),或者直接扫描实体对象(见图 22.2)。

图 22.1 由三角形集合呈现的猫头[64]

相关的集合包括四边形集合(对于四边形)和多边形集合(对于一般的多边形)。硬件渲染时,首先需要将这些多边形分割成三角形,然后使用一般的三角形绘制方法。

图 22.2　先进的扫描仪实现实体对象数字化[44]

很多方法均可创建基于三角形的几何体。特别是,可用建模工具从头创建它,如网格(见下节),或者扫描实体对象(见图 22.2)。

22.2　网　　格

在上述的多边形集合呈现方式中,"沿着"几何体的路径并不存在,我们不能轻易地(在常数时间内)确定哪些三角形在边缘相交,或者哪些三角形共享同一个顶点。"沿着"网格,如创建平滑的几何图形,或者模拟几何图形上的某个物理过程时。

网格(mesh)是一种组织顶点、边和面数据的数据结构,可以轻松解决以上问题(见图 22.3)。网格的数据结构种类繁多,不易实现,参考文献[63]介绍了网格数据结构的相关内容。

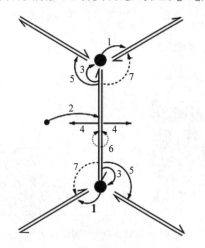

图 22.3　可视化网格数据结构,存储几何中顶点、边和面的组合方式[8]

22.3　隐式曲面

平滑曲面可用令函数 $f(x,y,z)$ 值为 0 的所有点的集合表示,这种方法即为**隐式表示(implicit representation)**。简单的形状(如球体和椭圆体)可表示为二次三元函数的零集。另外,我们将隐式函数定义为简单的基本隐函数之和:$f(x,y,z) = \sum_i f_i(x,y,z)$。例如,使用一组球函数创建一个独立球体的并集(见图 22.4)。这种技术被称为 **blobby 建模(blobby modeling)**,非常适合对生物建模,如海洋哺乳动物。

图 22.4　使用隐式函数表示水滴形状,例如该数字喷泉[34]

隐式曲面有一些很好的特性。如果将一个曲面定义为 f 的零集,那么可将 f 值为正的点视为处于曲面所围体积的内部。因此,易于对这些体积进行集合运算,如并集、交集、取反和作差。例如,使用 $f(x,y,z) = \min[f_1(x,y,z),f_2(x,y,z)]$ 表示 f_1 和 f_2 的交集(见图 22.5)。

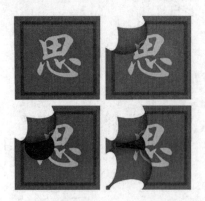

图 22.5　使用 3D 等值面提取算法从体素数据中获取表面,交集运算表示对所示形状的切割操作[32]

为了在 OpenGL 中渲染隐式曲面,需创建一个三角形集合来逼近隐式曲面,这是一项非常重要的任务。

22.4　体　素

　　体素（voxels）表示另一种特殊的隐式表示，它由 3D 网格的离散值组成。在每个 3D 网格单元上进行三线性插值，从而定义 3D 空间中的连续函数，所以可将此函数的零集视为隐式曲面。

　　体素数据通常通过体扫描过程（如 MRI）获得；同样可利用通用的隐式函数，沿着 3D 网格对其进行采样，以获得体素的近似值。

　　要在 OpenGL 中渲染体素表示的零集，需提取一组三角形来近似零集。由于数据是规则的，这比近似一般的隐式函数更为简单。通常使用**移动立方体方法**（marching cube）[45]，较新颖的方法有 **3D 等值面提取算法**（dual contouring）[32]（见图 22.5），可能会产生更好的效果。

22.5　参　数　面　片

　　使用 3 个坐标函数 $x(s,t)$，$y(s,t)$ 和 $z(s,t)$ 表示**面片**（patch）。这些函数表示平面 (s,t) 上的某个正方形或三角形。在多数情况下，面片上的每个坐标函数都是二元分段多项式函数（见图 22.6）。

图 22.6　一个由 $m \times n$ 的控制网格近似的样条面片[61]

　　最常见的参数表面是**张量积样条曲面**（tensor-product spline surface）。在 9.5 节中，样条曲线由一个输入控制多边形定义，该多边形连接了空间中的一系列离散点，可用于表示空间中的曲线。该样条曲线由一组较小的片段组成，每段都具有坐标函数，如三次多项式。

　　张量积样条将曲线"升级"到曲面。在这种情况下，使用 $m \times n$ 条直线的**控制网格**（control mesh）替换控制多边形，且控制网格的顶点为 3D。通过使用变量 s 和 t 中定义样条，最终得到一个参数面片。这种面片表示曲面 (s,t) 上的一小块区域，区域的坐标是 s 和 t 的多项式。我们可对三次样条曲线升级,使用双三次多项式表示区域(s,t)(即最高幂项为s^3t^3)。

渲染时,我们可用四边形网格来近似样条曲面。例如,在(s,t)域上放置一个精细的采样点网格,评估样条函数来获得每个样本的$[x,y,z]^t$坐标。这些样本可以用作规则四边形网格的顶点。另一种方法是递归,输入控制网格,输出表示相同表面的更密集的控制网格,经过几次细分后,四边形本身形成一个密集的控制网格,从而近似样条曲面。

几何建模工具包中的样条通常可用来设计表面。样条曲面在计算机辅助设计领域应用十分广泛。它们使用显式参数多项式表示,因此易于进行各种计算。

使用样条建模并非一帆风顺,当模拟一个封闭的表面(如球体)时,需要将一些面片拼接在一起,但是很难使缝合部分完全平滑。另外,如果想要面片沿着特定的曲线折痕折叠,则需要对每个面片进行"修剪"[59]。

22.6　细 分 曲 面

细分曲面是一种简单的表示,可以解决参数面片的许多难题。其基本思想是从单个控制网格开始,该网格不必是直线的,它可表示一个封闭的表面,并且顶点可具有任何价态。然后使用一组规则来细化网格,从而产生更高分辨率的控制网格。通过多次递归获得一个较高分辨率的网格,可直接用于渲染近似的光滑表面(见图 22.7 和图 22.8)。细分表面不涉及任何与面片相关的方法。另外,可沿着控制网格的某些部分应用特殊规则,在期望的地方实现表面折叠。

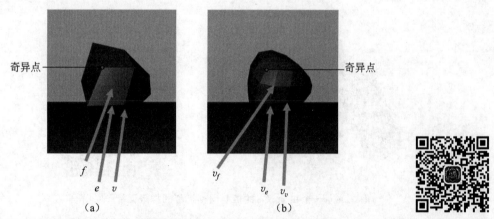

图 22.7　图(a)是初始的低分辨率网格,图(b)是第一次细分后的效果。图(a)的顶点 v 对应生成图(b)的顶点v_v,图(a)的边 e 对应生成图(b)的顶点v_e,图(a)的面 f 对应生成图(b)的顶点v_f。经过细分后,奇异点(红色)的数量不变

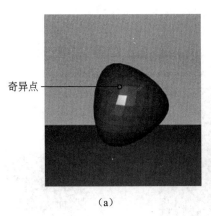

奇异点

(a)　　　　　　　　　　　(b)

图 22.8　图(a)为多次细分后的效果,图(b)为平滑效果

细分规则使得网格在越来越多次细分之后趋近于平滑的**极限面**(limit-surface)(在 $\mathbb{R}^3$ 中的 C^1 嵌入子流形)。在许多情况下,如当网格是直线状时,细分步骤与张量积样条表面的细分相同。

细分曲面的一个缺点是曲面表示是由过程定义,并非公式。因此,这种表面很难用数学方法分析。另外,细分曲面在奇异点处的效果不好[55]且难以控制。但这些问题不严重,并不影响日常使用(如电影和游戏),细分表面依然简单且普遍存在。

22.6.1　Catmull-Clark

本节介绍 Catmull 和 Clark 的细分算法。输入一个网格 M^0(假设是封闭的),该网格存储顶点、边和面的连接信息,同时包括几何信息,可将每个抽象顶点映射到 3D 空间。

现在,基于连接和几何信息,通过更新一组网格的连接信息来获得细分网格 M^1。M^1 的连接信息将做如下更新,M^0 中的每个顶点 v 都对应生成 M^1 中的新顶点 v_v,M^0 中的每条边 e 上都对应生成 M^1 中新顶点 v_e,M^0 中的每个面 f 都对应生成 M^1 中的新顶点 v_f。这些新顶点通过新的边和面连接(见图 22.7)。易于验证得出,M^1 中的所有面都是四边形。在 M^1 中,价为 4 的顶点是"普通点",其余的顶点是"奇异点"。

接下来递归地进行细分,对于 M^1,或更一般的 M^i,$i \geqslant 1$,通过使用相同的细分规则来获得更精细的网格 M^{i+1}。新网格的顶点数量大约是之前的 4 倍,且奇异点的数量保持不变(见图 22.7)。因此,在细分过程中,越来越多的网格的局部看起来是直线状的,其间具有固定数量的孤立的奇异点。

现需确定在每次细分中创建新顶点的规则。首先,设面 f 表示 M^i 中的一个面,由顶点 v_j 包围,m_f 表示这些顶点的数量。将 M^{i+1} 中新的 v_f 表示为(即该面在 M_i 中的质心,见图 22.9。类似地,对于任意的细分层级 $i \geqslant 1$,有 $m_f = 4$)

$$v_f = \frac{1}{m_f} \sum_j v_j \qquad (22.1)$$

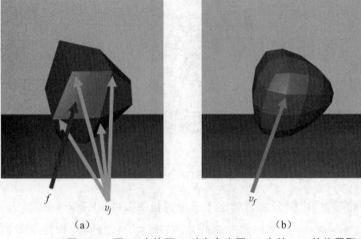

(a) (b)

图 22.9   图(a)中的面 f 对应产生图(b)中的 v_f,其位置取决于图(a)中的 v_j

接下来,设 e 表示在 M^i 中的一条边,连接顶点 v_1 和 v_2,并将面 f_1 和 f_2 分开。将 M^{i+1} 中新的 v_e 表示为(见图 22.10)

$$v_e = \frac{1}{4}(v_1 + v_2 + v_{f_1} + v_{f_2}) \qquad (22.2)$$

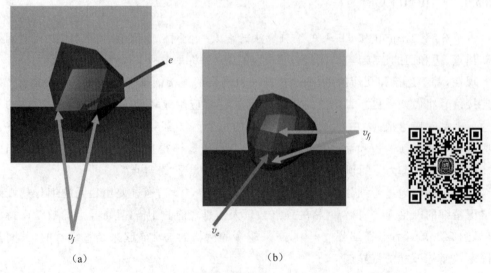

(a) (b)

图 22.10   图(a)中的顶点 e 对应产生图(b)中的 v_e,其位置
取决于图(a)中的 v_j 和图(b)中的 v_{fj}

最后,设 v 表示在 M^i 中的一个顶点,连接 n_v 个顶点 v_j,并被 n_v 个面 f_j 包围。将 M^{i+1} 中新的 v_v 表示为

$$v_v = \frac{n_v - 2}{n_v} v + \frac{1}{n_v^2} \sum_j v_j + \frac{1}{n_v^2} \sum_j v_{f_j} \tag{22.3}$$

对于价态 $n_v = 4$ 的普通顶点,可表示为(见图 22.11)

$$v_v = \frac{1}{2} v + \frac{1}{16} \sum_j v_j + \frac{1}{16} \sum_j v_{f_j} \tag{22.4}$$

(a)　　　　　　　　　　(b)

图 22.11　图(a)的顶点 v 对应产生图(b)的 v_v,其位置
取决于图(a)的 v_j 和图(b)的 v_{f_j}

在细分规则以及其收敛性方面已经进行了大量研究。参考文献[60]首次完整分析了奇异点在第一次细分中的行为。

在对细分曲面编程时,用户不需要了解这些研究,只需要实现式(22.1)、(22.2)和(22.3),其中的难点在于选择合适的网格数据结构,以便实现此计算。

习　　题

22.1　绘制网格,如果网格中有四边形,则应将每个四边形绘制为两个三角形。为了实现"平滑着色",需单独计算每个面的法向量,并将其用于绘制。接下来,计算每个顶点的"平均法向量",即顶点周围所有面的法向量的平均值,并将其用于绘制。

22.2　基于习题 22.1,使用四边形网格对立方体进行细分,可利用 Catmull-Clark 细分规则计算新顶点的坐标,并更新网格。

第23章

动　画

在使用计算机图形学技术生成的电影和游戏中,各种物体随处移动,称为动画。同样地,该主题涵盖大量内容[4],本章仅对计算机动画中的主要技术进行简单的概述(且展示大量图片)。在计算机图形学中,计算机动画仍是当前研究的重点。

23.1　插　值

一种实现动画的简单方法是由动画师手工绘制大部分内容,然后再用计算机对其数据进行插值和填充。

23.1.1　关键帧

关键帧的主要思想是令动画师在稀疏的时间节点上绘制动画序列,即动画师在每个时间节点上绘制完整的场景,然后计算机使用平滑插值方法(参见第9章)生成处于时间节点之间的帧。在该方法中,动画师完成大部分工作,计算机承担简单重复的工作。尽管看起来简单,但很多计算机动画都是以这种方式完成的,动画师可以完全控制最终输出的外观和效果。

23.1.2　蒙皮

蒙皮是一种简单的技术,用于模拟三角形网格中身体部位的变形(见图23.1)。在顶点着色器中可以实现该方法,并且常用于电子游戏。

输入一个三角形网格的"静止姿势",使用点的对象坐标,即 $\tilde{p} = \vec{o}^t c$。接下来,在**绑定**(**rigging**)过程中,动画师设计一个与网格匹配的骨架,这个骨架的**骨骼**(**bones**)在**关节**(**joints**)处连接,假设每个顶点与一个骨骼关联。

正如5.4节所述(见图5.4),这种骨架自然地产生了子对象坐标系和子对象矩阵的层次结构,其中,每个子对象矩阵都表示一个子坐标系与其"父"坐标系的对应关系。回想一下,在5.4节中有 $\vec{d}_r^t = \vec{o}^t A_r B_r C_r D_r$,其中,$\vec{d}_r^t$ 表示(正交)右小臂坐标系,矩阵 A_r,B_r,C_r 和

（a）   （b）   （c）

图 23.1 通过在关节附近混合模型视图矩阵，生成可变形对象的动画[74]

D_r 表示刚体矩阵。下标 r 表示"静止姿势"。那么这个骨骼的累积矩阵 $N_r := A_r B_r C_r D_r$，坐标系之间的关系为 $\vec{d}_r^{\,t} = \vec{o}^{\,t} N_r$。使用小臂骨骼对应的对象坐标 c 可以表示为 $\tilde{p} = \vec{o}^{\,t} c = \vec{d}_r^{\,t} N_r^{-1} c$。

正如 5.4 节所述，在动画中可以通过更新一些矩阵来操纵骨架，如 A_n、B_n、C_n 和 D_n，下标 n 表示 new（新）。这个骨骼的"新"的累积矩阵表示为 $N_r := A_n B_n C_n D_n$，坐标系之间的关系为 $\vec{d}_n^{\,t} = \vec{o}^{\,t} N_n$。现在可以移动这个骨架了，例如，移动小臂坐标系：$\vec{d}_r^{\,t} \Rightarrow \vec{d}_n^{\,t}$。如果想要对 $\tilde{p}$ 和坐标系进行刚性变换，那么需要使用如下公式

$$\vec{d}_r^{\,t} N_r^{-1} c \Rightarrow \vec{d}_n^{\,t} N_r^{-1} c = \vec{o}^{\,t} N_n N_r^{-1} c$$

在这种情况下，点的视坐标是 $E^{-1} O N_n N_r^{-1} c$，而且这个点的模型视图矩阵是 $E^{-1} O N_n N_r^{-1}$。

这个过程提供了一个"硬"的蒙皮效果，即每个顶点仅随一个骨骼移动。为了在关节附近获得**平滑的蒙皮**（smooth skinning）效果，动画师可以将一个顶点与多个骨骼关联。然后，在**每个骨骼**（for each of its bones）上计算变换，最后将结果混合在一起。

更具体地说，动画师可以为每个顶点设置一个权重数组 w_i，总和为 1，指定每个骨骼的运动对该顶点产生的影响程度，则顶点的视坐标可表示为

$$\sum_i w_i E^{-1} O (N_n)_i (N_r)_i^{-1} c \tag{23.1}$$

其中，$(N)_i$ 是骨骼 i 的累积矩阵。

在顶点着色器中可以很容易地实现蒙皮。将模型视图矩阵数组作为一个统一变量传递给着色器，而不是单个模型视图矩阵。然后读取顶点缓冲区中每个顶点的权重，并将它们作为属性变量传递给着色器，最后在顶点着色器中计算式（23.1）。

23.2 仿 真

物理学为我们提供了物体随时间运动和演化的方程式。输入一组初始条件，可以使用方程进行仿真，来预测现实世界中的对象的移动。如果仿真得当，就可以产生非常逼真

的效果。物理仿真实际上是一个预测的过程，基于输入的初始条件生成动画。对这种动画的控制效果不太明显。在过去的十年中，人们在物理仿真领域取得了巨大进步，这对计算机图形学中的特效生成至关重要。

23.2.1　颗粒

物理学中的运动表示为点在时间上的常微分方程（ODE）

$$f = ma = m\dot{v} = m\ddot{x} \tag{23.2}$$

力是质量和加速度的乘积，其中，加速度是速度关于时间的导数，而速度又是位置关于时间的导数。力可以源于重力或风等。

基于以上初始条件，可以使用**欧拉步骤**（**Euler steps**），即随着时间的变化，对该 ODE 进行离散化

$$x_{t+h} = x_t + v_t h$$
$$v_{t+h} = v_t + a_t h$$
$$a_{t+h} = f(x_{t+h}, t+h)/m$$

此过程称为**时间积分**（**time integration**）。使用欧拉步骤时，需要采取足够小的区间来确保该方法的稳定性。参考文献[4]介绍了 ODE 相关的更复杂的方法。

在**粒子系统**（**particle system**）的动画中，场景建模为一组无相互作用的粒子点，并根据式（23.2）进行演化。这可以用于模拟瀑布和烟雾动画（见图 23.2）。通常，每个粒子都呈现为半透明的水滴或曲面状。

 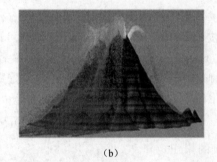

(a)　　　　　　　　　(b)

图 23.2　模拟瀑布和烟雾动画[37]

23.2.2　刚体

当模拟刚体动画（如在桌子上滚动的骰子）时，问题会变得更加复杂。首先，不同于点，我们需要处理物体的旋转和角动量，还需要考虑其他问题[4]。

在刚体仿真中，通常希望模拟碰撞和反弹效果。模拟碰撞需要跟踪所有物体并预测它们的相交时间（见图 23.3）。为了有效地执行此操作，通常使用动态变化的空间边界层

次结构。当找到一个交点时,这意味着这些物体已经互相接触,需要避免互相穿过。另一个问题在于,真实物体并不是真正的刚性,它们实际上是通过接触时产生的微小形变进行反弹的。由于我们不模拟形变,所以需要提出新的运动方程来近似。

图 23.3　仿真刚体时,需计算碰撞,并处理动量、摩擦力和接触力[27]

还有对摩擦力和接触力的模拟。当一个物体在地板上静止时,需正确地模拟物理现象,使物体不会从地板上掉下来,或者无休止地弹跳和四处抽动。

23.2.3　布料

布料仿真是十分重要的问题,可用粒子或三角形网格表示。在基于粒子的方法中,在系统中添加力来避免拉伸,剪切以及过度弯曲。为了模拟内部摩擦,同时增加**阻尼**(**Damping**),从而消除振荡。在基于三角形的方法中,使用 E 表示由于拉伸、剪切和弯曲导致不同布料状态的能量,然后计算力 $f = \dfrac{\partial E}{\partial \tilde{x}}$。参考文献[24]介绍了更多有关布料建模的内容。为了仿真布料,还需要模拟布料内部以及布料与其环境之间的碰撞(见图 23.4)。

(a)　　　　　　　　(b)　　　　　　　　(c)

图 23.4　布料仿真[24]

头发仿真通常使用弹簧振子模型[67](见图 23.5)。

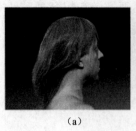 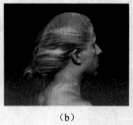 

(a)　　　　　　　　(b)　　　　　　　　(c)

图 23.5　头发仿真可借助弹簧振子系统[67]

23.2.4　可变形材料

现实世界中的许多物体都可以发生肉眼可见的形变,这可以使用适当的物理方程来建模,并且也可以随时间积分。为了模拟变形这一物理现象,需要对物体的内部空间建模,通常使用离散的四面体网格表示。不仅可以仿真凝胶物这样的特殊材料,还可以生成逼真的人体模型(见图 23.6)。

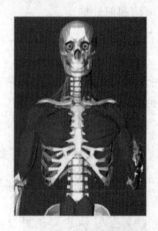

图 23.6　模拟可变形模型需要表示的相关体素[57]

23.2.5　火和水

对火和水等物理现象进行仿真和制作动画非常重要(见图 23.7)。可以使用粒子或 3D 网格表示。偏微分方程 **Navier-Stokes** 可以模拟一定体积的流体的旋转和涡流过程,需要使用特殊的数值表示方法,如非常流行的"稳定流体"方法[70]。参考文献[9]介绍了流体仿真的相关内容。

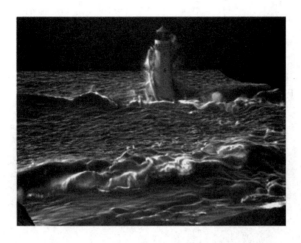

图 23.7 通过仿真水生成的逼真图像[46]

23.3 人体运动

人类是复杂的生物,对人体运动的仿真比对水和土等对象要困难得多。此外,我们希望在计算机动画中精细控制虚拟生物的行为,而不是简单地计算某些初始条件集的结果。

研究人员一直希望可以基于机器人、控制理论和优化进行人体仿真,该问题一直没有被很好地解决,这个目标一直难以达到,目前许多效果很好的技术在很大程度上依赖于动作捕捉,在该方法中,使用校准后的相机/传感器捕捉真实人类的动作,被捕获的对象身上经常贴有标记点(见图 23.8)。然后可将标记点的数据转移至虚拟角色上,也可修改这些数据。

图 23.8 捕捉一个男人和一匹马[41]

习　　题

23.1　制作一个简单的基于粒子表示的动画。

附录 A

Hello World 2D

本附录介绍 OpenGL 中的基本编程模型。本书的其余部分将遵照此编程模型来实现 3D 计算机绘图。为了便于阅读,本附录没有介绍出现的一些辅助代码,可以在本书的网站上查找。同时,本书的其余部分将研究编程实现 3D 计算机绘图所需的概念知识,结合这个简单的编程模型,在 OpenGL 中实现这些思想。

虽然,在最简单的 OpenGL 程序中都包含了许多晦涩的代码,但只要设置正确,用户可以将这些基本代码块复制并粘贴到自己的主要程序中。

A.1 APIs

本书使用 GLSL 着色语言进行 OpenGL 编程,OpenGL 是跨平台的。在 Windows 系统中还可以使用 HLSL 着色语言进行 DirectX 编程,OpenGL 和 DirectX 的思想是类似的。在此使用新版本的 OpenGL 来更好地支持用户的程序。因此,我们会舍弃许多旧版 OpenGL 的功能,也不会使用 OpenGL 和 GLSL 的许多高级功能,并且不会显示每个 API 调用的所有参数,读者可以查阅 OpenGL 官方文档。参考文献[79]和[62]介绍了更高阶的 OpenGL 知识。此外,读者可以通过 Google 搜索 API 名称获取其规范说明,还可以使用 GLEW 库来实现 OpenGL 的最新功能。

本书将使用 GLUT 库建立窗口程序,并响应鼠标和键盘事件。使用 GLUT 的主要原因是它可以适用于多个操作系统(MS Windows,Mac OS,Linux 等)。GLUT 无法开发一些高级操作,需要调用更丰富的平台相关窗口界面 API。GLUT 通过注册**回调**(**callback**)函数,来完成这些操作系统相关的调用,可以将代码与窗口事件进行关联。此类事件包括鼠标移动或敲击键盘等操作,从而更新屏幕上绘制的内容。参考文献[36]介绍了有关 GLUT API 的详细内容。

开始使用之前,需要安装最新的显卡驱动,以及 GLUT/freeGLUT 和 GLEW 库。

在 C++ 文件的开头引入头文件,如下所示:

```
#include <GL/glew.h>
#ifdef __APPLE__
#include <GLUT/freeglut.h>
#else
#include <GL/freeglut.h>        // or glut.h
#endif
```

A.2　主　程　序

主程序包含以下代码：

```
int main()
{
    initGlutState();
    glewInit();
    initGLState();
    initShaders()
    initVBOs();
    glutMainLoop();
    return 0;
}
```

前 5 行对程序变量和运行环境进行初始化，最后一行将程序的控制权交给 GLUT。当窗口事件发生时，GLUT 调用注册的事件回调函数（下面将介绍），从而重新获得程序的控制权。

初始化期间，将分配给 OpenGL 各种资源，如着色器、顶点缓冲区和纹理。同时，为了防止内存泄漏，还应该注意释放这些申请到的资源。但是，对于这个简单的程序，我们省略了这步，因为在程序退出后，操作系统将自动释放资源。

A.2.1　initGlutState

我们首先需要初始化窗口和注册回调函数。

```
static int g_width=512;
static int g_height=512;
void initGlutState()
{
    glutInit();
    glutInitDisplayMode(GLUT_RGBA|GLUT_DOUBLE|GLUT_DEPTH);
    glutInitWindowSize(g_width,g_height);
```

```
    glutCreateWindow("Hello World");
    glutDisplayFunc(display);
    glutReshapeFunc(reshape);
}
void reshape(int w,int h)
{
    g_width =w;
    g_height =h;
    glViewport(0,0,w,h);
    glutPostRedisplay();
}
```

通过 glutIntiDisplayMode 设置窗口中的每个像素的颜色组成,用红色、绿色、蓝色和 α 表示。第 19 章已经介绍了使用红色、绿色和蓝色表示颜色的相关内容,α 表示透明度,参见 16.4 节。此外,还设置了**双缓冲**(**double buffering**),使得 OpenGL 所有绘图过程都在"后台"隐藏的缓冲区中完成,只有在"后台"完成渲染之后,才会将隐藏缓冲区**交换**(**swapped**)到"前台"缓冲区,从而在屏幕上绘制结果。如果没有使用双缓冲,场景中每个部分被绘制完成后,屏幕内容都会立即更新,这将导致屏幕出现"闪烁"。同时,还设置了深度缓冲,也称为 z 缓冲。当多个对象共同作用于某个像素时,OpenGL 使用 z 缓冲来确定哪个对象位于最前面,参见第 11 章。

注册两个回调函数 display 和 reshape。每当窗口大小改变时,会调用 reshape 函数,使用全局变量 g_width 和 g_hight 存储新窗口的宽度和高度,通过调用 glViewport 将这些信息传递给 OpenGL,参见 12.3 节。同时,调用 glutPostRedisplasy 触发一个重新显示的事件,然后调用 display 函数,将在下面介绍。

与一般程序不同的是,在基于 GLUT 的程序中,回调函数使用全局变量保存需要的信息。

A.2.2　glewInit

通过调用 GLEW 提供的 glewInit 函数,使用 OpenGL 中最新的 API。

A.2.3　initGL

在此过程中设置所需的状态变量:

```
void InitGLState()
{
    glClearColor(128./255,200./255,1,0);
    glEnable(GL_FRAMEBUFFER_SRGB);
}
```

这段代码设置了窗口的背景颜色,并在绘制时启用 sRGB 颜色空间,参见第 19 章。

A.2.4 initShaders

在 initShaders 中,上传着色器的文本文件,并在 OpenGL 中编译。然后,OpenGL 得到这些着色器的输入变量的**指针**(**handles**),指针是一个索引,OpenGL 使用它来获取这些变量,但它不是一个 C++ 指针,无法通过代码解除引用。

```
//global handles
static GLuint h_program;
static GLuint h_aTexCoord;
static GLuint h_aColor;
initShaders()
{
    readAndCompileShader("./shaders/simple.vshader",
    "./shaders/simple.fshader",&h_program);
    h_aVertex =safe_glGetAttribLocation(h_program,"aVertex");
    h_aColor =safe_glGetAttribLocation(h_program,"aColor");
    glBindFragDataLocation(h_program,0,"fragColor");
}
```

GLSL 程序由一个顶点着色器和一个片段着色器组成。用户可以编译不同的 GLSL 程序来绘制不同的对象。在例子中只有一个程序,通过 readAndCompileShader 读取两个命名的文件(参见本书的网站),上传数据并保存 GLSL 程序的指针。

接下来,从顶点着色器中获取名为 aVertex 和 aColor 的属性变量的指针。属性变量是每个顶点发送到顶点着色器的数据,还使用 fragColor 表示片段着色器的输出,即实际绘制的颜色。

本书的网站包含了很多在 OpenGL 中安全调用着色器的代码,即会在使用前检查指针的有效性,并且经常在调试期间禁用着色器的某些部分,因为着色器的编译器可能会舍弃一个不需要的变量,如果我们尝试在代码中设置此变量,会导致错误,可以通过"安全"调用包装器来避免这种错误。

请注意,OpenGL 有自己的基本数据类型(例如,GLuint 表示无符号整数),它们可以适用于不同平台。

A.2.5 initVBO

在此过程中将几何数据发送至 OpenGL 的顶点缓冲区中,从而进行之后的绘图。

场景由一个 2D 正方形表示,左下角坐标为 $(-0.5,-0.5)$,右上角坐标为 $(0.5,0.5)$。

该正方形由两个三角形组成,每个三角形具有三个顶点,从而得到 sqVerts,一个六个顶点坐标的序列。使用 sqCol 存储红色、绿色和蓝色(RGB)值,从而得到每个顶点的颜色。

```
GLfloat sqVerts[6 * 2]=
{
    -0.5,-0.5,
    0.5,0.5,
    0.5,-0.5,
    -0.5,-0.5,
    -0.5,0.5,
    0.5,0.5
};
GLfloat sqCol[6 * 3] =
{
    1,0,0,
    0,1,1,
    0,0,1,
    1,0,0,
    0,1,0,
    0,1,1
};
static GLuint sqVertBO,sqColBO;
static void initVBOs(void){
  glGenBuffers(1,&sqVertBO);
  glBindBuffer(GL_ARRAY_BUFFER,sqVertBO);
  glBufferData(
    GL_ARRAY_BUFFER,
    12 * sizeof(GLfloat),
    sqVerts,
    GL_STATIC_DRAW);

    glGenBuffers(1,&sqColBO);
  glBindBuffer(GL_ARRAY_BUFFER,sqColBO);
  glBufferData(
    GL_ARRAY_BUFFER,
    18 * sizeof(GLfloat),
    sqCol,
    GL_STATIC_DRAW);
  }
```

通过调用 glGenBuffers，使得 OpenGL 为顶点缓冲区创建一个新的"名称"。使用 glBindBuffer 将该名称对应的缓冲区作为"当前"缓冲区（A.4 节将介绍调用纹理 API 的类似方法）。最后，调用 glBufferData 将数据传递到当前缓冲区，包括数据的大小及其指针。通过使用 GL_STATIC_DRAW，使得数据不能被修改，从而使用此数据进行绘图。

A.2.6 Display

每当需要重绘窗口时，GLUT 就会调用 display 函数。

```
void display(void){
glUseProgram(h_program);
  glClear(GL_COLOR_BUFFER_BIT | GL_DEPTH_BUFFER_BIT);
  drawObj(sqVertBO,sqColBO,6);
  glutSwapBuffers();
  // check for errors
  If(glGetError()! =GL_NO_ERROR){
    const GLubyte * errString;
    errString=gluErrorString(errCode);
    printf("error: % s\n",errString);
  }
}
```

这段代码首先告诉 OpenGL 使用哪些着色器，然后清除屏幕、绘制对象、告诉 GLUT 已经完成绘制，并且将隐藏缓冲区交换到"前台"缓冲区。最后，检查错误。

绘制正方形时，可以执行以下代码：

```
void drawObj(GLuint vertbo,GLuint colbo,int numverts){
  glBindBuffer(GL_ARRAY_BUFFER,vertbo);
  safe_glVertexAttribPointer2(h_aVertex);
  safe_glEnableVertexAttribArray(h_aVertex);

  glBindBuffer(GL_ARRAY_BUFFER,colbo);
  safe_glVertexAttribPointer3(h_aColor);
  safe_glEnableVertexAttribArray(h_aColor);

  glDrawArrays(GL_TRIANGLES,0,numverts);

  safe_glDisableVertexAttribArray(h_aVertex);
  safe_glDisableVertexAttribArray(h_aColor);
}
```

通过调用 glVertexAttrbPointer 和 glEnableVertexAttribArray，使用当前顶点缓冲

区中的数据,指针指向着色器的属性变量。

最后,调用 glDrawArrays 来绘制该数据表示的三角形。

A.2.7 顶点着色器

顶点着色器是使用 GLSL 编写的,GLSL[62]是一种类似于 C 的语言,但内置了许多矢量类型和特殊的函数。变量使用 in 和 out 标记,从而传入和传出着色器。

一段简单的顶点着色器代码如下:

```
#version 330
in vec2 aVertex;
in vec3 aColor;

out vec3 vColor;


void main()
{
    gl_Position =vec4(aVertex.x,aVertex.y,0,1);
    vColor =aColor;
}
```

version 确定了语言的版本,该着色器将输入的属性颜色输出为可变变量,以便对三角形内的像素进行插值,使用属性 aVertex 设置 gl_Position,即三角形在窗口中的绘制位置。gl_Position 实际上的类型为 vec4,可如上例设置它的第三项和第四项。第 11~13 章介绍了该四项的使用方法。

A.2.8 片元着色器

最后,一段简单的片元着色器代码如下:

```
#version 330
in vec3 vColor;
out vec4 fragColor;
void main(void)
{
    fragColor =vec4(vColor.x,vColor.y,vColor.z,1);
}
```

这段代码将插值的颜色数据传递给输出变量 fragColor。前三项表示红色、绿色和蓝色值,第四项表示不透明度,且 1 表示完全不透明。从而确定像素的显示颜色。

最后,可以得到如图 A.1 所示的彩色图像。

图 A.1　在 OpenGL 程序中绘制一个彩色正方形

A.3　添加接口

接下来,添加一些用户交互来扩充程序。使用鼠标移动控制一个水平缩放变量,将此缩放应用于顶点着色器,从而更改绘制的正方形的几何形状。为此,我们创建了一个统一变量 uVertexScale,顶点着色器和片段着色器都可以读取它,但只能在 OpenGL 调用绘制函数时更新。

在这种情况下,顶点着色器的代码即为:

```
#version 330

uniform float uVertexScale;

in vec2 aVertex;
in vec3 aColor;
out vec3 vColor;

void main()
{
    gl_Position = vec4(aVertex.x * uVertexScale, aVertex.y, 0, 1);
    vColor = aColor;
}
```

在 initShaders 中,添加以下代码来获取新的统一变量的指针。

```
h_uVertexScale =safe_glGetUniformLocation(h_program,''uVertexScale");
```

在 initGlutState 中，注册了两个函数：

```
glutMotionFunc(motion);
glutMouseFunc(mouse);
```

实现单击鼠标时，调用 mouse 函数，以及在窗口内移动鼠标时，调用 motion 函数。

```
void mouse(int button,int state,int x,int y){
  if(button ==GLUT_LEFT_BUTTON)
  {
    if(state ==GLUT_DOWN)
    {
      // left mouse button has been clicked
      g_left_clicked =true;
      g_lclick_x =x;
      g_lclick_y =g_height -y -1;
    }
    else
    {
      // left mouse button has been released
      g_left_clicked =false;
    }
  }
}
void motion(int x,int y)
{
  const int newx =x;
  const int newy =g_height -y -1;
  if(g_left_clicked)
  {
    float deltax =(newx -g_rclick_x)* 0.02;
    g_obj_scale +=deltax;
    g_rclick_x =newx;
    g_rclick_y =newy;
  }
  glutPostRedisplay();
}
```

这段代码存储了单击鼠标时鼠标的水平位置，并保存在全局变量 g_obj_scale 中。虽然该处没有使用坐标 y，但当使用时，它需要进行翻转 $(g\_height\text{-}1)-y$。因为在 GLUT 中，最上面的像素的行坐标是 0，而在 OpenGL 中，y 方向朝上。

在 display 函数中，通过添加以下代码，将数据发送至着色器。

```
safe_glUniform1f(h_vertex_scale, g_obj_scale);
```

A.4 添加纹理

最后，展示在片元着色器中访问纹理图像以用于计算颜色的方法。

在 **initGLState** 中添加如下代码：

```
...
glActiveTexture(GL_TEXTURE0);
glGenTextures(1, &h_texture);
glBindTexture(GL_TEXTURE_2D, h_texture);
glTexParameteri(GL_TEXTURE_2D, GL_TEXTURE_WRAP_S, GL_CLAMP);
glTexParameteri(GL_TEXTURE_2D, GL_TEXTURE_WRAP_T, GL_CLAMP);
glTexParameteri(GL_TEXTURE_2D, GL_TEXTURE_MIN_FILTER, GL_LINEAR);
glTexParameteri(GL_TEXTURE_2D, GL_TEXTURE_MAG_FILTER, GL_LINEAR);
int twidth, theight;
packed_pixel_t * pixdata =ppmread("reachup.ppm", &twidth, &theight);
assert(pixdata);
glTexImage2D(GL_TEXTURE_2D, 0, GL_SRGB, twidth, theight, 0, GL_RGB,
    GL_UNSIGNED_BYTE, pixdata);
free(pixdata);
...
```

首先，激活纹理单元 GL_TEXTURE0（可以同时激活多个纹理单元，使片段着色器可以同时访问多个纹理图像），生成一个纹理名称并将其绑定为"当前 2D 纹理"。然后设置当前 2D 纹理的许多参数，WRAP 参数表示优先使用纹理末尾的数据进行拼接，FILTER 参数表示优先使用纹理内部的数据进行拼接，参见第 17 章。最后从文件 reachup.ppm（ppm 格式）中读取图像，并将该数据加载到纹理中。

在 initShaders 中添加如下代码：

```
h_texUnit0 =safe_glGetUniformLocation(h_program, "texUnit0");
h_aTexCoord =safe_glGetAttribLocation(h_program, "aTexCoord");
```

在 display 函数中，在调用 glUseProgram 之后添加如下代码：

```
safe_glUniform1i(h_texUnit0,0);
```

该函数的第 2 个参数为 0，片段着色器将访问纹理单元 GL_TEXTURE0。如果想在着色器中访问多个纹理,那么需要激活多个纹理单元。

接下来,在顶点缓冲区中存储每个顶点的纹理坐标,即纹理的 x,y 坐标。将正方形的左下顶点映射到纹理的左下角(0,0),将正方形的右上顶点映射到纹理的右上角(1,1)。因此,使用如下数组保存数据:

```
GLfloat sqTex[12] =
{
    0,0,
    1,1,
    1,0,
    0,0,
    0,1,
    1,1
};
```

需要在 initVBOs 中加载该数据,并在 drawObj 中传递给顶点着色器的输入变量 aTexCoord。顶点着色器的代码如下:

```
#version 330

uniform float uVertexScale;

in vec2 aVertex;
in vec2 aTexCoord;
in vec3 aColor;
out vec3 vColor;
out vec2 vTexCoord;
void main()
{
    gl_Position =vec4(aVertex.x * uVertexScale,aVertex.y,0,1);
    vColor=aColor;
    vTexCoord=aTexCoord;
}
```

作为可变变量,每个像素的纹理坐标是其所在三角形顶点的插值。因此,在片段着色器中,可以使用纹理坐标来从纹理中获取所需的颜色。片段着色器将实现如下代码。

```
#version 330

uniform float uVertexScale;
uniform sampler2D texUnit0;
in vec2 vTexCoord;
in vec3 vColor;
```

```
out vec4 fragColor;
void main(void)
{
    vec4 color0 = vec4(vColor.x, vColor.y, vColor.z, 1);
    vec4 color1 = texture2D(texUnit0, vTexCoord);

    float lerper = clamp(.3 * uVertexScale, 0., 1.);
    fragColor = (lerper) * color1 + (1.-lerper) * color0;
}
```

sampler2D 表示指向纹理单元的一种特殊的数据类型。在此代码中,调用 GLSL 函数 texture2D 从纹理单元 texUnit0 中获取 color1,并且使用纹理坐标 vTexCoord。接下来,使用 uVertexScale 确定两种像素颜色的混合因子。最后,将它们组合在一起并输出到窗口。因此,移动鼠标绘制的矩形会拉伸并且纹理图像的颜色占比变大(见图 A.2)。

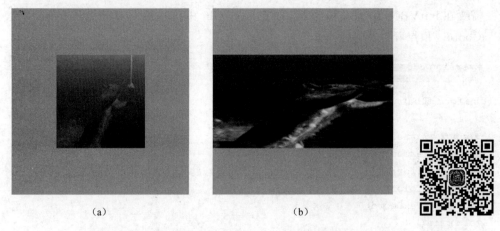

(a)   (b)

图 A.2　添加纹理。通过鼠标移动进行交互,更改绘制矩形的大小以及混合系数

A.5 展　　望

以上都是 OpenGL 编程模型的基本内容。最终,我们希望使用此模型在空间中绘制 3D 形状,这涉及前 5 章的几何学知识。第 6 章开始编写一个简单的 3D OpenGL 程序。

习　　题

A.1　在本附录中介绍了 2D OpenGL 程序的基础知识。在本书的网站上有完整的程序,配置环境,可下载、编译和运行此程序。

(1) **硬件**。需要支持 OpenGL 4.0。

(2) **安装驱动程序**。计算机安装了显卡后,还需要安装新的驱动程序,才可以使用 OpenGL 的高级功能。随着 OpenGL 的不断发展,各种显卡供应商会定期发布驱动程序,以便支持越来越多的高级功能(以及修复以前版本中的错误)。

(3) **安装 GLUT 和 GLEW**。GLUT 和 GLEW 是跨平台库,可以更容易地建立 OpenGL 和 OS 之间的任务。GLUT 负责处理窗口和控制消息,GLEW 负责加载 OpenGL 的各种高级扩展功能。用户需要下载并导入头文件(.h)和二进制文件(.lib,.dll/so/a)。

A.2 在 Hello World 程序中,当窗口变宽时,渲染的几何形状也会变宽。修改程序,使得当窗口重新变化大小时,绘制对象的宽高比不变(即渲染一个正方形,则调整窗口的大小之后看起来还是正方形),并且不会被裁剪。随着窗口的均匀增大,对象也均匀地变大,缩小的情况类似,其限制如下。

(1) 不更改发送到顶点着色器的顶点坐标。

(2) 不修改 glViewport 函数(reshape 函数中)。

提示:可修改顶点着色器,以及其使用的统一变量。

A.3 浏览 OpenGL 着色语言(GLSL)的文档,熟悉一些常用操作。编辑顶点和面片来产生新效果,如可通过内置正弦和余弦函数来产生波浪起伏的效果,或者加载多个纹理文件,并以某种有趣的方式组合它们。

附录 B

仿 射 函 数

第 12～13 章介绍了可变变量的线性插值。为了理解这些知识,首先需要学习仿射函数的简单知识。

B.1 2D 仿 射

对于变量 x, y,如果存在某组常数 a, b 和 c,使得函数 v 满足以下形式,那么该函数是仿射函数

$$v(x, y) = ax + by + c \tag{B.1}$$

也可表示为

$$v = [a \quad b \quad c] \begin{bmatrix} x \\ y \\ 1 \end{bmatrix}$$

该函数通常是"线性"的,之所以使用"仿射",是因为包含了一个常数项($+c$)。与第 3 章的仿射变换相同,可为这些变换添加一个常数项,根据上下文,该项表示平移。

显然,计算 v 在 (x, y) 处的值的一种简单方法是将 (x, y) 代入式(B.1)。或者沿平面中的某条线(如沿三角形的一条边,或沿一条水平线)以均匀间隔行进,并且在每一步快速计算 v。由于该函数是仿射函数,每次沿固定的单位向量移动时,函数 v 的变化量都相同。

第 11 章给出了 2D 仿射函数的一个例子,使用 3D 投影变换对 3D 中的平面对象进行映射。因此,给定一个 3D 三角形以及眼坐标系和投影矩阵,3D 三角形上一点处的 z_n 值是该点的 (x_n, y_n) 值的一个仿射函数值。

根据平面 (x, y) 中三个点(非共线)的 v_i 值,如三角形的顶点,可确定整个平面的 v。在这种情况下,称 v 是三个顶点值的**线性插值**(**linear interpolant**)。

在三个顶点 $[x_i, y_i]^t$ 处计算 v_i

$$[v_1 \quad v_2 \quad v_3] = [a \quad b \quad c] \begin{bmatrix} x_1 & x_2 & x_3 \\ y_1 & y_2 & y_3 \\ 1 & 1 & 1 \end{bmatrix}$$

$$=: [a \quad b \quad c]\boldsymbol{M}$$

通过对该表达式求逆可知,在给定 v_i 和 $[x_i, y_i]^t$ 的情况下,(a, b, c) 的值为

$$[a \quad b \quad c] = [v_1 \quad v_2 \quad v_3]\boldsymbol{M}^{-1} \tag{B.2}$$

B.2　3D 仿射

对于变量 x, y 和 z,如果存在某组常数 a, b, c 和 d,使得函数 v 满足以下形式,则该函数是仿射函数,可通过 3D 空间中四面体的四个顶点处的值唯一确定。

$$v(x, y, z) = ax + by + cz + d \tag{B.3}$$

B.3　反向推导

给定一个 3D 空间中的三角形,假设在其三个顶点处指定了函数值,可能存在很多仿射函数值与 (x, y, z) 对应。但是当限制在三角形的平面上时,仿射函数趋于一致。因此,三角形上的这种限制函数用于顶点插值,并将它写成式(B.3)的形式,尽管常量不再唯一。

回到 3D 计算机图形学和可变变量,在 6.3 节的顶点着色器中,当将颜色与三角形的每个顶点相关联时,在对象坐标系 (x_o, y_o, z_o) 下使用的插值函数需是仿射函数,以便确定三角形内部点的颜色。

在计算机图形学中,可用纹理贴图将纹理粘贴到三角形上。当将两个值(称为纹理坐标,x_t, y_t)与三角形中的每个点关联时,在对象坐标系 (x_o, y_o, z_o) 下使用的插值函数需是仿射函数,以便确定三角形内部点的纹理坐标。

举一个极端的例子,可将 3D 空间中某个三角形顶点的对象坐标视为关于坐标系 (x_o, y_o, z_o) 的仿射函数。例如,$x_o(x_o, y_o, z_o) = x_o$(即,$a=1$ 而 $b=c=d=0$)。这意味着在顶点着色器中,vPosition 中的三个坐标可理解为三个在对象坐标系 (x_o, y_o, z_o) 下的仿射函数。

由于上述原因,OpenGL 默认使用对象坐标系 (x_o, y_o, z_o) 下的仿射函数对所有可变变量进行插值。如 B.5 节所述,它相当于一个在眼坐标系 (x_e, y_e, z_e) 下的仿射函数,但它不等同于在归一化设备坐标 (x_n, y_n, z_n) 下的仿射函数。

B.4　正向推导

如果 v 表示关于 (x, y, z) 的仿射函数,将其限制在一个 3D 空间中的三角形上时,则可基于三角形在平面上的事实,将 v 表示为关于两个变量的仿射函数。例如,假设将三角

形投影到平面 (x,y) 的非零区域上。然后,在 3D 空间中,三角形顶点 z 的值就是 (x,y) 的仿射函数值,如 $z=ex+fy+g$。可用该表达式计算 z,并将其插入到 v 的表达式中,得到

$$v=ax+by+c(ex+fy+g)+d$$
$$=hx+iy+j$$

其中,(h,i,j) 是一组常数,该操作可消除对 z 的依赖,得到 (x,y) 上的某个仿射函数。基于此,可用式(B.2)计算系数 (h,i,j)。

B.5 双向推导

假设对于某 4×4 矩阵 $\boldsymbol{M}$($\boldsymbol{M}$ 不必为仿射矩阵),存在如下变换

$$\begin{bmatrix} x' \\ y' \\ z' \\ w' \end{bmatrix} = \boldsymbol{M} \begin{bmatrix} x \\ y \\ z \\ 1 \end{bmatrix} \tag{B.4}$$

然后,独立地看矩阵的每一行,会发现 x', y', z' 和 w' 均为 (x,y,z) 的仿射函数。

如果 v 表示关于 (x,y,z) 的仿射函数,则基于方程(B.4),得到 v 在 (x',y',z',w') 中也是仿射(线性)的,即存在一组值 e, f, g 和 h,使得

$$v = \begin{bmatrix} a & b & c & d \end{bmatrix} \begin{bmatrix} x \\ y \\ z \\ 1 \end{bmatrix} \tag{B.5}$$

$$= \begin{bmatrix} a & b & c & d \end{bmatrix} \boldsymbol{M}^{-1} \begin{bmatrix} x' \\ y' \\ z' \\ w' \end{bmatrix} \tag{B.6}$$

$$= \begin{bmatrix} e & f & g & h \end{bmatrix} \begin{bmatrix} x' \\ y' \\ z' \\ w' \end{bmatrix} \tag{B.7}$$

唯一需注意的时间点是什么时候做完除法。例如,当给定如下关系时

$$\begin{bmatrix} x'w' \\ y'w' \\ z'w' \\ w' \end{bmatrix} = \boldsymbol{M} \begin{bmatrix} x \\ y \\ z \\ 1 \end{bmatrix}$$

如果 v 表示关于 (x, y, z) 的仿射函数,它将不会关于 (x', y', z') 或 (x', y', z', w') 仿射。第 13 章介绍了对非仿射函数的处理。

习 题

B.1 假设看不到一个三角形的"边缘",该三角形上点的 4 个裁剪坐标是否为 (x_o, y_o) 的仿射函数值? 它的归一化设备坐标呢?

B.2 假设 v 表示关于 (x, y) 的仿射函数。如果对于 (x, y) 平面上的三个(非共线)点,其 v 值分别为 v_1, v_2 和 v_3,则可确定整个平面上的 v。

如果使用某个常数 k 将这三个值替换为 $k v_1, k v_2$ 和 $k v_3$,求对插值函数产生的影响。

参考文献